U0876100

生活因阅读而精彩

生活因阅读而精彩

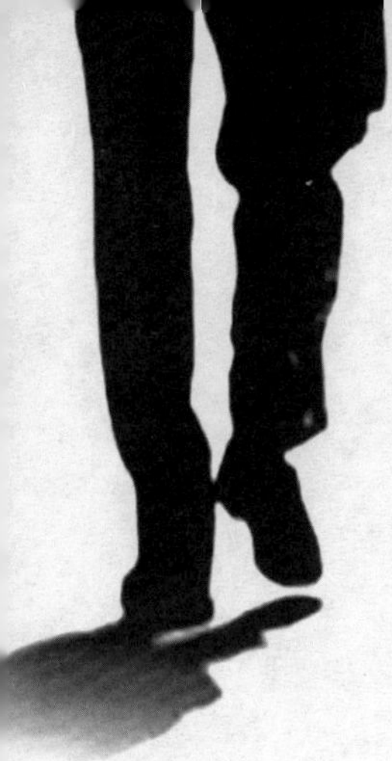

心境决定处境

一念之转如何改变人生

韦　渡◎编著

中国華僑出版社

图书在版编目(CIP)数据

心境决定处境 / 韦渡编著.—北京:
中国华侨出版社,2011.6
ISBN 978-7-5113-1043-9

Ⅰ.①心… Ⅱ.①韦… Ⅲ.①成功心理-通俗读物
Ⅳ.①B848.4-49

中国版本图书馆 CIP 数据核字(2011)第 101401 号

心境决定处境

编　　著 / 韦　渡
责任编辑 / 尹　影
责任校对 / 高晓华
经　　销 / 新华书店
开　　本 / 787×1092 毫米　1/16 开　印张/17.5　字数/240 千字
印　　刷 / 北京建泰印刷有限公司
版　　次 / 2011 年 8 月第 1 版　2011 年 8 月第 1 次印刷
书　　号 / ISBN 978-7-5113-1043-9
定　　价 / 30.00 元

中国华侨出版社　北京市朝阳区静安里 26 号通成达大厦 3 层　邮编:100028
法律顾问:陈鹰律师事务所
编辑部:(010)64443056　　64443979
发行部:(010)64443051　　传真:(010)64439708
网址:www.oveaschin.com
E-mail:oveaschin@sina.com

前言

在我们的生活中，有很多人在遇到困难或者遭受挫折的时候，就把原因归咎于外界的环境，认为自己之所以活得这么累，全是这个社会的错，全是别人的错，却从来没有明白这样一个道理：心态能够改变所有的一切，而心态的主宰者是我们自己。在生活中，我们完全可以掌控我们的心态，让自己有一个积极乐观的活法，差不多的事情在不同的心态支配下就会形成截然不同的结果，乐观的心态会让我们感到光明，而悲观的心态则使我们笼罩在黑暗之中。

有时候，人的心理是很复杂的，开心、烦躁，平和、焦虑，可以说心态是一个不断变换的过程，喜怒哀乐，全在一念之间。但是，不管什么时候、什么处境，积极的心态都对人生有着积极的作用。一个心理学家曾经做过这样一个实验，想要验证一下人的心态对行为产生的影响。一开始，他让 11 个人穿过一间伸手不见五指的房子，在这个研究者的引导下，这 11 个人都顺利地穿了过去。之后，这个心理学家在屋内点燃了一盏灯，在微弱的灯光下，这 11 个人看清楚了屋里的情况，刹那间都惊出了一身的冷汗。在这个房间的正中央，是一个不小的水池，里面养着几条大鳄鱼，而刚刚他们走过去的，是水池上面的一座窄窄的独木桥，连栏杆都没有。

做实验的这个心理学家问："现在谁还想再次从这个房间上面的独木桥上穿过?"一开始，所有的人人都保持着沉默，许久以后才有3个人举起手表示愿意。第一个人小心翼翼地走上了独木桥，速度明显比上一次慢了许多；第二个人站起来走了几步，竟然吓得趴在了独木桥上，一点一点地爬了过去；第三个人走到桥边只往下看了一眼，说什么也不敢再往前走了。于是，这个做实验的心理学家又点燃了9盏灯，一下子把房间照得如同白天一样。这个时候，这些人才看到在离独木桥不远的地方有一张大网，这是因为网的颜色很淡，所以一开始大家都没有看到。"现在谁愿意过独木桥?"心理学家又问，这次又有6个人站了起来。"你们为什么现在还不愿意呢?"心理学家问剩下的那两个人。"这张网是不是很结实?" 这两个人几乎是同时发出了这样的疑问。

上面的这个故事给了我们一个很大的启示：在我们的生活和工作当中，到处都充满了所谓的艰辛和磨难，有时候我们甚至会面临所谓的"绝境"。但是，我们还是要开开心心、快快乐乐，因为快乐的人看周围所有的一切都是美好的，而美好的东西则更能让人产生面对困难的勇气。这样，我们就能快乐地面对一切，可见保持一个良好的心态是一件非常重要的事情。生活中的困难并不可怕，关键是我们应该怎样看待它，对人生中的伤痛和挫折抱有什么样的心态。一个天生乐观豁达的人，会生活得很轻松快乐；一个悲观的人，则会被自己想象的压力击垮，活得艰难而又痛苦。有头脑的人，善于调整自己的心态，不管处于一个什么样的处境，都让自己保持着阳光的心态，能够经受得住暴风聚雨的吹打而不倒不垮。不然，在我们遭遇不好的环境之时，心态不好，消极自弃，就会丧失掉那种无往不胜的锐气，使原本可以轻松面对的事情变成了不可逾越的高山深谷。所以，贫穷苦难、生不逢时、命运多舛、流言蜚语都不可怕，怕的是自甘沉沦、心态消极！

人生中有各种不好的处境，只要我们能够保持住那份积极乐观的心态，就能跨过去，活出生命的精彩来。这本书就是介绍在各种不幸的处境之中，什么样的心态才是最重要的。细细品读，将使我们获得一生的快乐和潇洒！

目录

第1辑

面对命运，要有“拂袖笑谈除万难”的飘逸心态

人一生下来，总是会面对所谓的命运。在一些人眼里，命运可能是不公平的，因为他们觉得周围的人处处都比自己活得潇洒写意。其实，虽然生活不尽公平，但是只要拥有飘逸的心态，拂袖笑谈除万难，心中拥有不能改变命运但是可以改变心态的生存哲学，那么就能活得潇洒。飘逸的心态创造人生，是一个人成功的起点，是生命中的阳光和雨露，它能够让我们的心灵永远像雄鹰一样翱翔。选择了飘逸的心态，就等于选择了潇洒的人生，选择了成功的希望。一个想要活得潇洒的人，就必须摒弃那些消极的心态，保持一种飘逸的心态。

第2辑

面对缺陷，

要有“天生我材必有用”的自爱心态

每一个人都不能选择自己的身体，也许在一出生的时候，身体就存在着缺陷，我们常会为自己和别人所有不同而深深地自卑，会对自己什么也做不了的现状心灰意冷。与其心灰意冷，不如爱上不完美的自己。天生我材必有用，这种乐观自爱的心态，是我们面对身体缺陷时的灵药，不管别人怎么看待我们，怎么轻视我们，我们都要相信自己、肯定自己。只有这样，我们才能忘记身体上的伤，寻求属于我们自己的人生之路。

第 3 辑

面对困厄，

要有“直挂云帆济沧海”的乐观心态

人生之路不会一帆风顺，有晴天时的万里阳光，也有阴天时的乌云压顶。顺遂的时候固然要高兴，但面对困难和厄运的时候也不能沮丧失志，要有“直挂云帆济沧海”的乐观精神，这将会驱散我们心中的厄运阴影，使我们直面眼前的不顺，使我们坚强起来，乐观地面对。在战略上蔑视它，战术上重视它，困厄没有什么了不起的，咬咬牙也就过去了，做好手中的每一件事情，就是迈出了摆脱困厄的第一步。

第 4 辑

面对强者，

要有“难酬蹈海亦英雄”的自信心态

在我们的生活和事业当中，遇到强者是不能避免的事情，没有一个人敢断言自己在某一个领域内是最强大的。不同的人在面对强者时的表现会差别很大，有的人在面对比自己强大的人时，会不由自主地自卑，觉得和人家比起来，自己就像是一只可有可无的蚂蚁；有的人在面对强者的时候，却是一副谄媚的嘴脸，想方设法拍马屁，想从强者的身上得到一些什么回报。其实这两种人都是一种自卑的心态，不自信，才会有那种表现。面对强者，只要抱有“难酬蹈海亦英雄”的自信心态，不甘于眼前的平凡，鞭策自己，有朝一日就一定能成为强者。

第5辑

面对穷困，

要有“穷且益坚，不坠青云之志”的心态

贫穷是一种非常无奈的事情，它可以让人没有生活质量，也让人在某些时候感受不到尊严。假如你是一个穷人，此时正处于贫穷之中，那么，千万不要丢掉希望，更不能自己丢掉尊严。只要我们在面对贫穷的时候抱有“穷且益坚，不坠青云之志”的心态，相信从古至今，那些成就大事的人，在面对贫穷的时候，从来没有放弃过自己的理想，那么，贫穷也就不可怕了。

第 6 辑

面对伤痕，

要有“人生看得几清明”的陶然心态

人在社会中行走，和各色人等打交道，经历各种事情，那就难免会受到伤害而在身体和心理上留下伤痕。有的人在面对伤痕的时候，情愿做伤痕的奴隶，把自己的一生都浸在痛苦当中，怎么也走不出伤痕的阴影；有的人却能走出阴影，把伤痕当成美好的回忆，用那种“人生看得几清明”的陶然心态来面对，找回那个曾经奋斗的自己。后一种人值得我们尊敬和学习，从今天的脚步中找回我们自己，重新开始，去创造一个更加美好的明天，这才是我们在伤痕面前所要做的事情。

第7辑

面对无常，

要有“笑看天上云卷云舒”的淡定心态

在生活和事业中，每个人都会遇到危机，夫妻感情变淡、上司不信任、邻里之间不和睦、朋友之间产生了隔阂……须知世事本无常，什么样的危机都有可能出现，那么我们在面对危机的时候，应该怎么做呢?其实危机并不可怕，只要我们抱有“笑看天上云卷云舒”的淡定心态，笑对生活，这样危机自然也就不能在我们的心理上造成什么伤害了。

第 8 辑

面对磨难，

要有“梅花香自苦寒来”的隐忍心态

逆境压迫，与其说是一种挫折磨难，倒不如说是一种成功前的磨砺，有道是：“宝剑锋从磨砺出，梅花香自苦寒来。”不经历逆境和压迫，就不能磨砺自己，让自己的各个方面在磨砺中提高。当我们在面对逆境压迫的时候，需要一种隐忍的心态，坚信“吃得苦中苦，方为人上人”的道理，在隐忍中磨砺自己、完善自己、成就自己。

第 9 辑

面对异己，

要有“河海不择细流，故能成其深”的包容心态

人活在这世上，与自己看法不同的人太多了。当然有些不同是小小不然的，有些不同是大是大非的，有些不同是本质上的。有的人在面对异己之时会斗争到底，不管大小，总要斗争到底；有的人则能容纳他人，有“河海不择细流，故能成其深”的包容心态。其实能够包容他人，是一种非常聪明的生存哲学，只有让人容人，才能厚己大己。

第10辑

面对排挤，

要有“行到水穷处，坐看云起时”的平和心态

排挤这种事情其实在我们的生活和职场上普遍地存在着，在我们的周围，经常有一些刚刚走上社会的青年，原本抱着满腔的热情，自以为能够大干一场，建立自己的事业大厦，结果却发现，自己的周围暗箭四起，现实并不乐观。什么原因会导致自己被排挤？又有什么招数可以见招拆招，避免出局？其实面对排挤，平和的心态是最好的化解招数，没有过不去的坎，受到排挤只是暂时的。这样想，我们的人生是不是一下子就亮堂起来了呢？

第11辑

面对爱情，

要有“有缘即住无缘去”的随缘心态

爱情是男女之间强烈的依恋、亲近、向往，以及无私、专一并且无所不尽其心的情感。当我们面对爱情的时候，要珍惜眼前的人，不管他们是普普通通的人还是有所成就的人，我们都要坚持“有缘即住无缘去”的随缘心态，用这种随缘的心态去追求自己的真爱，这样我们才会冲破艰难险阻，冲破横亘在我们面前的一切障碍，所向披靡，拉起另一半的手，收获美丽的爱情。

第12辑

面对流言，

要有“煮茶声里独支颐”的超然心态

有人的地方就有流言。面对流言，人们往往表现出一种过于慌乱畏惧和在乎的心理，以至于被流言弄得心情糟糕，甚至精神恍惚。其实，只要我们具备了“煮茶声里独支颐”的超然心态，了解了流言的本质，也就不会这么在乎了。面对流言，改变能改变的，接受不能改变的，用一颗超然的心，接纳和化解它，这才能让我们微笑面对生活和工作。

第13辑

面对毁誉，

要有“宠辱不惊，闲看庭前花开花落”的坦然心态

人的生活和事业上，被人左誉右毁是避免不了的事情，须知，有人存在的地方就有议论，有议论就有毁誉。在我们短短几十年的人生当中，别人加之于我们身上的毁誉数不胜数，面对这些，我们要有“宠辱不惊，闲看庭前花开花落”的坦然心态，要知道，不遭人嫉妒的是庸才，我们之所以被人毁誉，那是因为我们身上有着超越别人的才华，有着他们不具有的优点。想通了这一点，毁誉也就动摇不了我们了，这个世界上所有的事情都是过眼云烟，别太当真了——别人捧你别当真，别人踩你也别当真！

第14辑

面对诱惑，

要有“只留清气满乾坤”的自律心态

人生时时都面临着诸多诱惑，权重的地位是诱惑，利多的职业是诱惑，光环般的荣誉是诱惑，欢畅的娱乐是诱惑，甚至漂亮的时装、可口的美味佳肴都是诱惑……面对这些诱惑，我们该何去何从？面对诱惑，洁身自好，抱着“只留清气满乾坤”的自律心态，耐得住寂寞，抵得住诱惑，这才是正确的选择。

第 15 辑

面对名利，

要有“开窗放入大江来”的舍得心态

名利，似乎是这个世界上的人终生都无法躲避的存在，任何人都免不了要和名利打交道，更何况，追逐名利是人们的一种自然本性下的选择，有几人会在名利面前真的做到心如止水呢?但是，名利总是“有可为，有不可为”的，这个世界上绝大多数人都喜欢金钱与地位，然而金钱与地位对很多人来说并不是“想而有之”的，要知道名利是一种可求不可得的东西。面对名利上的得失，抱着“开窗放入大江来”的舍得心态就显得非常重要了，千万不要让无止境的欲望把你压得痛苦不堪。

第1辑

面对命运，要有“拂袖笑谈除万难”的飘逸心态

人一生下来，总是会面对所谓的命运。在一些人眼里，命运可能是不公平的，因为他们觉得周围的人处处都比自己活得潇洒写意。其实，虽然生活不尽公平，但是只要拥有飘逸的心态，拂袖笑谈除万难，心中拥有不能改变命运但是可以改变心态的生存哲学，那么就能活得潇洒。飘逸的心态创造人生，是一个人成功的起点，是生命中的阳光和雨露，它能够让我们的 心灵永远像雄鹰一样翱翔。选择了飘逸的心态，就等于选择了潇洒的人生，选择了成功的希望。一个想要活得潇洒的人，就必须摒弃那些消极的心态，保持一种飘逸的心态。

❖成也心态，败也心态❖

我们说“成也心态，败也心态”，就是要让在命运蹉跎中挣扎的人们记住：在人生境遇中，没有不能攻克的“难关”，这个世界上没有败给命运的人，只有败给自己内心的人。所以我们要以积极的心态看待命运与生活，简而言之，就是要在黑暗中寻找光明、在挫折中鼓舞自己。苏轼在被流放海南之后，仍可在极为贫苦的生存环境中享受生活的美好乐趣；李白求官在频频失败后，仍坚信“天生我材必有用，千金散尽还复来”，正是他们无论在什么境遇中都能保持一种良好的心态，才使得他们的人生创造了许多超出常人的精彩。

心态，即人对事物发展所表现出的不同心理状态。哲学家说，世界上的一切事物都是具有两面性的，同一事物，人从不同的角度可以对其形成两种截然相反的认识，即积极的认识与消极的认识。人对世间万物所形成的不同观念的认识即为心态，它是人对生活环境与人生境遇的体验与反映，直接影响着一个人的情感与情绪、信念与意志。

麦当劳创始人克洛说：“坚韧和决心是无敌的。”积极的心态可以帮助人们树立坚定的信念、鼓舞人的斗志，使人内心充满光明，在任何情况下都能够看到生活的希望；消极的心态则会熄灭一个人内心的希望之灯，使人陷于无休止的沮丧、颓废等负面情绪中，失去理想与斗志。因而我们说“心态决定命运”、“心态决定人生”，心态决定了一个人的事业和家庭，决定一个人的最终幸福。

有这样一则寓言：

在暴雨后，一只蜘蛛艰难地从地上爬上墙壁，并艰难地向着它那张已经支离破碎的网爬去，由于雨后墙壁潮湿，在爬的过程中，它一次次掉下来，可是这只蜘蛛总是一次次地向上爬。

这时第一个路人看到了，他叹了一口气，自言自语说："我这一生啊，不就像这只蜘蛛吗？辛辛苦苦、忙忙碌碌，最后又能得到什么呢？无论多么要强，一场暴雨过后，连最后赖以生存之处都不能保住！"他日渐消沉，对任何事都漠不关心，处处随遇而安，在消极中离开人世，一生也没有享受到任何成功的喜悦。第二个路人看到蜘蛛后，不禁在心中暗笑："这只蜘蛛真是愚蠢啊，它怎么就不知道在旁边找一个比较干燥的地方绕道上去呢？看来人做事也要学着多动脑，不能像这只蜘蛛一样死脑筋。"于是，他变得越来越聪明，凡事都从多个角度进行思考，选择最佳处理途径。第三个路人看到后，一下子就被这只蜘蛛坚忍不拔的精神感动了，他暗暗对自己说："一只弱小的蜘蛛面对困境都如此的勇敢、执著，更何况一个人呢？我一定要向它学习。"从此，他越来越坚强，在人生的风风雨雨中从不退缩，最后事业有成、家庭美满。

在这则寓言中，3个人对同一件事情所产生的三种不同认知，这直接影响了他们的人生观与处世态度，第一个人形成的消极心态使其一生无所成，而第二个人与第3个人所形成的心态对各自的人生发展都起到了积极的促进作用。

"成也心态，败也心态"，两个同时行走在沙漠里的人，一个人说："大漠无边，我才走到一半，水和干粮也所剩无几了，我怎么能走得出去呢？"他最后在绝望中死在大漠里；另一个人说："大漠虽广阔无边，可我已经走了一半了，我的水囊里还有水，我的食袋里还有两块干粮，我很快就可以走完剩下的一半了。"他抱着必胜的希望最终走出了茫茫大漠。可见，面对人生境遇的不济，培养乐观的积极心态是多么的重要啊！

培养积极心态，就要培养乐观的生活态度，把心态调整到最佳状态。生活，是酸甜苦辣、喜怒哀乐的交融，生活中会有无尽的阳光明媚，也会有更多的风雨如晦。人要以正确的态度去理解生活中的一切悲与喜、苦与乐，在人生低谷中保持乐观心态，

心境

决定处境

保持一种轻松愉悦的心情，无论在什么情况下都要心怀希望；不要总是以悲观的态度去看待事物。

培养积极心态，就要学会宽容、豁达，保持最好的平衡心态。在生活中，苛刻的心态会使人总是以挑剔、责难的眼光看待生活、对待他人，如果调整不好，久而久之会形成一种消极的厌世观；学会豁达，就是要不抱怨、不气馁，并能够在困境中化压力为动力，以从容的平衡心态构建希望。

培养积极心态，就要树立坚定的信念、勇于争取成功。人在生活中会因各种困难而导致人生的追求受阻，尤其在职场中会因各种因素而导致自己“怀才不遇”，面对诸多不尽如人意的地方，人要让自己心中的希望之灯永远明亮，做那只永不言弃的蜘蛛，以坚定的步伐朝着目标奋进。

以积极心态看待命运与生活，简而言之，就是要在黑暗中寻找光明、在挫折中鼓舞自己。苏轼在被流放海南之后，仍可在极为贫苦的生存环境中享受生活的美好乐趣；李白在频频求官失败后，仍坚信“天生我材必有用，千金散尽还复来”，正是他们无论在什么境遇中都能保持一种良好心态，才使得他们的人生创造了许多超出常人的精彩。

我们说：成也心态，败也心态，就是要让在命运蹉跎中挣扎的人们记住：在人生境遇中，没有不能攻克的难关，这个世界上没有败给命运的人，只有败给自己内心的人。

面带笑容，负重前行

明天的希望，让我们忘记今天的痛苦，在人生负重面前，让我们勇敢地抬起头，迎接明天的朝阳。人生中，苦难与挫折就如同阴霾与冰雪，而我们的微笑就如同这初升的朝阳；只要我们勇于在阴霾与冰雪中抬头，让我们灿烂的笑脸为自己的人生播撒光芒，那么，所有的阴霾终会散去，所有的冰雪终会消融。

人生旅途上，苦难和挫折无处不在。我们希望自己的人生可以一帆风顺、大展宏图，可是，很多时候，苦难却是在所难免。人生路上，人总会遇到不想发生却又无可避免的困难、挫折，甚至天灾人祸。这种我们不希望发生，却残酷发生的现实，就成为我们生命的负重。这时，面对负重，我们是要抱怨造化弄人、命运不公，还是要选择微笑面对、负重前行?相信，任何一个不想臣服于命运的人都会选择后者。因为，面带微笑、负重前行，是一种乐观的生活态度，是人要谋求生存发展所必备的积极心态。

某日报曾经报道过这样一个励志故事，故事的主人公名字叫做沈丽。沈丽是成长在嘉兴钟埭大街一户普通百姓家的女孩。在她小时候，母亲便因患有心脏病而丧失了劳动能力，父亲一个人四处打工维持生计。沈丽一面上学，一面要照顾母亲、处理家务，就是在这样的情况下，在去年高考时，沈丽以606分的优异成绩考入了某知名大学，被该大学的英语贸易翻译专业录取。

记者采访时，从沈丽的父母和邻居那里了解到，沈丽从小到大都生活在艰辛与磨难中。四五岁的时候，母亲检查出患有严重的心脏病，不能从事任何劳动。父亲没有正式工作，只能四处打工，以微薄的收入养家糊口。沈丽从六七岁开始，就要洗衣做饭，还要照顾患病的母亲，从来没有像其他孩子一样快活地玩过一天。因为家里穷，沈丽小小年纪就要学会省吃俭用、精打细算，连一块糖都不敢轻易地买来吃。就是在这样的情况下，沈丽仍然保持着乐观开朗的个性，并一直保持着勤奋刻苦的奋进精神。邻居们说："这孩子苦啊，从小就没有过过一天舒服日子，可是她好似天生不怕苦似的。在她脸上从来都看不见愁眉苦脸的样子，见到她时，总会看到她热情、纯真的笑脸。谁家遇到什么困难，她也总是积极热情地来帮助邻里们。这孩子，真是难得啊！"

沈丽的父亲说："在高考前，这孩子因为在家里干活时砸到了脚，后来感染了，一直高烧不退、打着吊瓶。我们都以为是上天弄人，这孩子没有办法参加高考了。可是，小丽在高考那天，硬是拔掉针头，去了考场。她从考场出来的时候脸色苍白、满头大汗，看了真是让人心疼啊！看到我，她还微笑着安慰我说没关系。幸好，老天有眼，让这孩子考上了好大学！"

面对采访的记者，沈丽只是一脸恬静，微笑着说："虽然生活给予我的都是困难，可是我很感谢这些苦难，因为它们让我坚强，让我有了奋斗的力量。我一直都相信，只要不失去信心，笑对生活，勇敢地向前走，就一定会走过苦难，走向属于我的光明。"

沈丽的故事很感人，这样一个小女孩教会我们如何去面对人生，如何去挑战人生中的一切苦难与挫折。在一切命运注定的苦难与一切人生意外的风波面前，保持一种乐观积极的心态，才有可能走出人生的低谷，才有可能走出今夜的黑暗、走向明日的曙光。否则，在人生低谷与命运不公中自怨自艾、悲观自弃，只会使自己在无边无际的黑暗中沉陷于痛苦与失败。

笑对生活，负重前行，要求我们以一颗乐观、勇敢的心接受并战胜人生的苦难；同时，也要求我们以一种乐观、积极的态度对待一切意外状况，以及人生境遇中的一切"不测风云"。

某杂志上曾经讲述过这样一个故事，一位母亲在外出旅行时，遭遇了恶性天气，班机被困在巴黎机场3天。这期间气温骤降，机场大厅里怨声一片，旅客全都垂头丧气地忍受着等待与天气的折磨。而这位母亲一边将自己的外套披在孩子身上，一边笑着对孩子说："亲爱的宝贝，你不觉得这是我们的一次奇遇吗？"这位母亲的乐观感染了孩子，他们母子二人竟然在这种突发的状况中享受了一种别样的愉悦。

在生活中，随时都可能会发生很多意想不到的突发事件，可谓悲喜无常。但是，正如常言所说"苦也一天，乐也一天"，在我们无法改变的既定现实中，悲苦只能成为一种自我摧残的方式；而如同这位母亲一样，以别样的角度去审视现状，会很好地调节心态，使自己充分享受到生活的乐趣。

某文摘上讲述过一个自强女孩的故事。这个女孩叫张燕，在家里发生的一场大火中被烧成了重伤，脸部重度毁容。在此之后，张燕也曾一蹶不振，对生活失去了信心，陷入了极度的绝望中。在一段时间之后，她望见院子里被烧伤的大树又长出了新鲜的绿芽，她突然想到，自己的生命也应该像这棵大树一样，再度重生，不能就此毁灭啊！从这一天开始，她的脸上又露出了笑容，积极地配合治疗，并且刻苦学习。现在，这个女孩子已经成为一名非常出色的外科整形医生。张燕说："命运虽然给予了我太多磨难，但我要用自己的努力去扭转这尽是磨难的命运。我相信，一个人自信、热情的笑容才是最美丽的，一个人敢于负重前行的精神才是最可贵的。"

微笑着面对人生，负重前行，就是要求我们以积极乐观的心态去接受人生中的一切苦乐悲喜，并勇敢坚强地克服困难，心怀斗志，拼搏进取。唯有这样，我们才能在苦难面前坚守信念，在苦难面前屹立不倒，在一切不尽人意的境遇中心怀希望。

"明天的希望，让我们忘记今天的痛苦"，在人生的挫折面前，让我们勇敢地抬起头，迎接明天的朝阳。人生中，苦难与挫折就如同阴霾与冰雪，而我们的微笑就如同这初升的朝阳；只要我们勇于在阴霾与冰雪中抬头，让我们灿烂的笑脸为自己的人生播撒光芒，那么，所有的阴霾终会散去，所有的冰雪终会消融。

❖与其埋怨不公，不如淡然面对❖

贝多芬在《海利根遗书》中说："命运对我是何等的不公，我愿意死亡来得晚一些，但它早至，我将抱着快乐的心情去迎接死亡，在死亡降临之前创造机会，施展我全部的艺术才能。"面对人生种种不公正的遭遇，我们唯有以淡然的心态去面对，以积极的心态去拼搏。

命运，自古便被哲学家与宿命论者定义为"不公"，一些人自出生起，便被财富、权力、幸福包围着；而一些人一生都无法摆脱贫穷、疾病、苦痛。一些人总是可以被机遇青睐，被贵人包围，可以平步青云、大展宏图，即便"山穷水复疑无路"，也会"柳暗花明又一村"；而一些人却是一生历经坎坷波折，尝尽人世辛酸仍是郁郁不得志。这个世界上没有绝对的公平与不公平。那么，面对看似不公的命运，我们要以怎样的心态去面对?以怎样的方式去生存呢?

一谈到"命运"一词，很多人都会想起贝多芬著名的《命运交响曲》，这首被称之为"交响曲之冠"的《命运交响曲》，以铿锵、恢宏、和谐的曲调向听众展现了贝多芬"我要扼住命运的咽喉，它不能使我完全屈服"这样一种与命运抗争的顽强精神。

1804年，在贝多芬创造构思这部《命运交响曲》时，他已写好了《海利根遗书》，那时他的耳聋完全失去了治愈的希望，挚爱的女友朱丽叶塔·齐亚蒂伯爵小姐也因为门第原因离他而去。一个将音乐视为生命的音乐家失去听觉，在很多人眼里，贝多芬己是被命运之神所遗弃的弃儿，他的朋友都为命运的不公而为他感到遗憾。而贝多芬，在遭受失聪与爱人离去的双重打击下，他并没有愤懑于命运的不公，没有抱怨、没有责难，他平静地写下《海利根遗书》，并将自己对生命的敬畏与热爱、对命运的理解与诠释全部注释在一个个音符的组合中，他创作了不朽于世的《命运交响曲》。

贝多芬的成就是世界艺术瑰宝中一颗最为耀眼的明珠，而这耀眼的人生之光是命运恩赐予他的吗?显然不是，人生境遇抛给他的是致命的打击，而贝多芬之所以能够开拓人生的辉煌，是因为他能够在不公的人生境遇中平静地接受现实，并在淡然接受残酷现实的同时坚强地挑战命运。

与之相反，在生活中，面对种种“命运的不公”，很多人感到绝望，或自怨自艾，或抱怨人生，面对他人与自己截然相反的人生境遇，尤其是当自己的“失意”与朋友的“得意”对比时，一种强烈的反差更是使他们对命运之神的不公愤懑至极，然而抱怨和愤懑能帮助他们改变人生境遇了吗?事实是，抱怨只会使人心生悲望，永远沉浸在压抑与悲苦中。

在不可改变的命运与人生境遇的恶变面前，与其埋怨不公，不如淡然面对。在人生境遇中，所谓“不公”就是我们不希望发生却降临于自身、我们想要改变却无礼抗拒的厄运与意外变故，例如疾病、灾难、天生缺陷、人生突变，等等。这些是对我们人生发展造成致命摧残的残酷现实，但是一些现实却是我们无力改变的，我们唯一能做的就是接受现实。

面对不公的命运，我们说“与其埋怨不公，不如淡然面对”，不是说向命运低头、向境遇妥协，不是自我放弃、自甘失败，而是说在面对境遇的不公时要接受现实，并依据现实条件重新思考自己的人生，“淡然”面对不公是一种积极的生活心态，更是一种乐观的生存方式。

淡然面对不公，必须接受自身的命运安排。如果厄运降临在我们身上，唯有清醒地认识现状，平静地接纳变故，我们才可重新定位人生、树立信心、获得新生的希望；拥有淡然的心态，才可造就轻松愉悦的心境，才能在不幸的人生中感受生的乐趣。

淡然面对不公，必须淡然看待他人的“得意”。如果说社会各个阶层的组合是一座金字塔，那么自然有人高居塔顶，有人屈居于塔底，如果我们一定要用对塔顶之人的仰慕、艳羡、妒忌来折磨自己的心灵，我们除了自卑与压抑之外，将一无所获；如果我们能够安于自己所处的位置，一步一步地前进，也许有一天我们也可登上塔顶。人在面对自己与他人的境遇时要保持一种平衡心态，唯有心态平衡，才能使自身发展。

淡然面对不公，必须在接受命运安排的同时，自强不息。伟人说："命运夺走了你的一只手，你还有另一只手；命运夺走了你的一双手，你还有一双脚；命运若连你的一双脚也一并夺走，你还有一颗会思考的头颅。"人在抱怨命运的不公正待遇时，一定要清醒地认识到，命运虽然给了我们几近残酷的考验，但它同时也给了我们生存的权利，这一"生存的权利"潜藏着丰厚的可发掘的价值因素，关键在于我们是否具有利用现实条件创造生存转机的智慧与勇气。

贝多芬在《海利根遗书》中说："命运对我是何等的不公，我愿意死亡来得晚一些，但它早至，我将抱着快乐的心情去迎接死亡，在死亡降临之前创造机会，施展我全部的艺术才能。"面对人生种种不公正的遭遇，我们唯有以淡然的心态去面对，以积极的心态去拼搏。

无论怎样，太阳都会照常升起

无论在什么情况下，每一天都会按照正常的轨道运行，关键在于，你是否能够将自己的人生再度纳入这依旧正常运行的轨道。在变数面前，要面对明天、继续生活，这需要我们保持一颗淡定从容的心，以平和的心态接受变数；需要我们拥有一颗坚毅勇敢的心，以信心与坚强挑战变数。在人生的旅途中，变数与意外随时都会发生，而这些看似可怕的突变其实并不可怕，它们并不能将生活的美好全部吞噬。真正可怕的，是我们失去生活的信心与前进的力量，如果失去这些，我们将再也不能发掘并开拓生活中依然存在的美好未来。

“今天，我失业了，我要怎样去面对明天的生活?”

“今天，我失恋了，我要怎样走出这痛苦的深渊?”

“今天，我失去了亲人，我要怎样接受这天上人间的离别之痛?”

“今天，我失去了财富、地位、名利，我已一无所有，我要怎样走出这无边的黑暗之夜?”

“今天，我失去了健康、青春，甚至生命已被宣告了期限，我要怎样去度过今后的人生?”

这些问题，你遇到过吗?面对类似的等等变数与苦恼令你烦忧过吗?这无数个“今天”令你感觉天塌地陷，但在度过这无数个“今天”之后，你的天地真的塌陷了吗?

心境决定处境

事实上，当你认为世界都已陷入黑暗的时刻，世界依然存在着阳光明媚的艳阳天；当你认为今天就是末日，再不会有希望与光明的时刻，明天的太阳依然在东方冉冉升起。唯一不同的，只是你的心境而已。如果此刻，你依然紧闭心门，拒绝太阳之光的照射，你的生活自然会感到没有温暖、没有光明、没有希望；如果此刻，你勇敢地抬起头，晨曦之光依然会洒在你微笑的脸上，蒸干你的泪痕，给你新生的希望与力量。

有这样一个小故事。一位老太太，在乘船通过英吉利海峡时，遭遇了暴风雨的袭击。当时，船上的所有旅客都惊慌失措，对即将发生的不测恐惧至极。而这位老太太依然镇静自若地坐在座位上祷告，她的面容十分安详，没有半点惊恐之色。在风浪归于平静、船只平安脱险之后，身边的朋友非常奇怪地问老太太："刚才的情况那么危及，您为什好像一点都不害怕呢?"这时，老太太看看海面，笑着对朋友说："我有两个女儿，大女儿戴安娜已经离开了人世，先我一步去了天堂；二女儿玛利亚就居住在英国。刚刚狂风暴雨，危险万分，我就在祷告，我对上帝说：上帝呀，如果今天你要接我去天堂，明天我就可以去看我的大女儿戴安娜；如果今天你将我留在了船上，那么明天我就可以去看我的二女儿玛利亚。无论我今天遭遇了什么，明天的太阳依然会照常升起，只是我将要以不同的方式与不同的人一起生活而已。既然如此，我为什么要害怕呢?"

这位老太太，面对变数时的从容自若，令人诚服，更令人感叹。"无论怎样，明天的太阳依然会照常升起"，在变数面前，我们永远无法左右真切降临的一切"事与愿违"，但生活依旧，日子照常在继续、人生照常在继续。此刻，所有哀怨、悲愤、恐慌、不甘等情绪发泄都无济于事，我们唯一能做的，就是从容接受变数，而后在变数中努力寻求新的突破，开拓新的人生。

一位成功女士在接受记者采访时，这样说："我在22岁的时候，我的母亲因病去世了；在我30岁的时候，我的父亲因癌症去世；在我32岁的时候，我的老公有了外遇，和我离婚了；在我34岁时，我再婚，可是在35岁那一年，医生告诉我因为自己到了高危年龄，这一生都有可能无法生育孩子了。父母早逝、婚姻破裂、孤独终老，这种种变数接二连三地给了我沉重的打击。可是我清醒地知道，对于这些根本无法挽救和弥补的变数，悲痛是于事无补的，绝望只会继续毁掉我的后半生，我应该活得更精彩。所以我开始全心打拼事业，一点点创立了我自己的公司。现在，虽然事业有成，仍无法弥补我所不能得到的天伦之乐，但至少我的生命实现了其应有的价值。回首我的辛酸经历，我只想对大家说：在任何情况之下，无论你遭遇了什么，生活仍旧要继续，而且它也仍旧存在着光明和美好的一面，关键在于我们如何去将生活的另一面美好发掘出来。”

这位女士的话很朴实，却道出了人生的一大哲理：无论怎样，太阳都会照常升起；无论怎样，我们都必须将精彩的生活进行到底。

在变数面前，要面对明天、继续生活，这需要我们保持一颗淡定从容的心，以平和的心态接受变数；需要我们拥有一颗坚毅勇敢的心，以信心与坚强挑战变数。我们要知道，在人生的旅途中，变数与意外随时都会发生，而这些看似可怕的突变其实并不可怕，它们并不能将生活的美好全部吞噬。真正可怕的，是我们失去生活的信心与前进的力量，如果失去这些，我们将再也不能发掘并开拓生活中依然存在的美好未来了。

在《伊索寓言》中有这样一个故事。一只喜鹊每天都忙碌着在树上盖房子，它辛苦地衔来树枝，然后细心地将这些树枝码放整齐。十多天过去了，它的房子就要盖完了，可是一天夜里突然刮起了大风，把这只喜鹊辛辛苦苦建筑的巢都给吹散了，树枝落了一地。树林里的其他动物都以为喜鹊会为此伤心欲绝。因为筑巢是这只喜鹊最大的心愿，它花费了这么久的心血，眼看这个新房子就快盖好了，却被一场突如其来的大风毁于一旦。可是第二天，喜鹊却表现得非常平静，它望着散落在地上的树枝站了一会，便又若无其事地去衔树枝、筑巢。大家都感到疑惑不解，便问喜鹊：“喜鹊呀，你的新家被毁了，你不伤心吗？为什么都看不到你难过呢？”喜鹊回答说：“呵呵，我的新家被毁了，我也感到很遗憾啊，可是光是伤心有什么用呢？大风过后，我还是要继续生活呀，所以当前最要紧的是赶快再建一个新家才对。”就这样，这只喜鹊很快就建筑了一个新房子，又开始了正常的生活。

现在，我们再来想一想那些让你感觉天塌地陷的“今天”所发生的一切：失业了，前途依然还在，你还可以继续新的拼搏；失恋了，青春依然还在，你还可以开始新的感情；失去了亲人，回忆依然还在，你应该将对逝者的爱加倍地给予生者；失去了功名利禄，生活还在，你应该以“留得青山在，不怕没柴烧”的精神继续开拓人生；失去了健康、青春，生命还在，你还可以去继续开拓美好并珍藏已收获的美好；即便生命也被定义了期限，那你还有剩余的期限去完成你未完成的心愿，而不是等待遗憾、生长遗憾。

无论在什么情况下，每一天都会按照正常的轨道运行，关键在于，你是否能够将自己的人生再度纳入这依旧正常运行的轨道。

❖学会对自己说“没关系”❖

学会对自己说“没关系”，就要学会善待自己，在困苦、艰辛的生活中多给自己一点鼓励、多给自己一点安慰、多给自己一些爱。有一句话说得好：“再苦再累，也不要忘记爱自己。”人生也许会抛给我们无数艰辛与坎坷，如果我们自己还要为此为难自己，那么我们要如何去创造快乐的人生呢？

在生活中，“没关系”这句话似乎一直都是我们在对别人说，或者是听到别人在对我们说，这一句简单的“没关系”在很多情况下，体现的是一种包容的美德与礼让的气度。人们在日常生活中，习惯于对别人说“没关系”，习惯于忍让他人的过失与失礼，习惯于将包容与礼让尽可能地给予他人。但是，今天我们要讲的是，多对自己说一句“没关系”，因为这一句简单的“没关系”还包含了另外一层极为重要的含义：就是包容自己的失败与错误，在人生的失意中，多给自己一份鼓励，多给自己一个机会，去赢得最后的成功。

在人生的道路上，永远不会一帆风顺，失败是我们想要避免却时常发生的，“如影随形”一般。有时候，很多人将自己的失败归纳为自己的错误，将别人的否认归纳于自己的失败，这些人因而不肯“放过”自己，把自己陷入深度的自责和自怨中。可是自责与自怨能够解决什么根本问题呢？事实是，这是一种自我折磨与自我放弃的表现，是一种没有勇气面对错误、承认错误、改进错误的表现。以这样一种方式应对失败，显而易见，是不可能走出困境、获取真正的成功的。

对自己说“没关系”，是一种积极的生活态度，更是一种成大事者的必备风范。在人生之中，真正的赢家，不仅要具有包容别人的“海纳百川”的精神，更要有一种善待自己“一笑而过”的心态。在错误与失败面前，我们笑着对自己说一声“没关系，我可以从头再来”；在别人的否认与嘲笑面前，我们笑着对自己说一声“没关系，我可以继续努力，做得更好”；在挫折中跌倒之后，我们笑着对自己说：“没关系，我可以爬起来继续前进。”

爱迪生一生发明无数，并且发明了史无前例的电灯，为人类发展作出了巨大贡献，但是爱迪生的实验过程却经历了无数的失败。小时候痴迷于试验的爱迪生，在火车上因做实验发生错误，导致失火，为此，列车长狠狠地甩了他一个耳光，致使爱迪生的一只耳朵失聪，这时爱迪生在心里对自己说“没关系，这个错误让我知道了这个试验的正确做法。至于我的耳朵，我还可以用另一只耳朵聆听。”在爱迪生一生漫长的科学研究中，每一次试验失败，他都会安慰自己说：“没关系，下一次，我一定会成功。”有一次，爱迪生的实验室发生了火灾，所有资料和试验结果记录都被烧毁了，这巨大的损失给了爱迪生沉重的打击，可是他在静坐了一夜之后，笑着对自己说：“没关系，这些记录和资料都没有了，我可以重新再来。”于是，爱迪生将所有试验全部重做，将损失的资料全部重新补回，并且在重新试验的过程中发现了很多以前没有注意的问题，有了更多新的收获。试想，如果爱迪生在每一次失败与挫折中放弃自己，他还会成就以后的辉煌吗?

学会对自己说“没关系”,就要敢于接受失败,承认自己存在的不足与错误,而后以失败为师,向着自己的理想目标百折不挠地奋勇前进。

有这样一个小故事。一只小蚂蚁看到屋顶上有一块蛋糕渣,便想享用这块美味。于是,它开始努力地向屋顶爬去。但是因为墙壁太光滑,它一次又一次跌落下来,一直没能爬到屋顶上去。这时,一只蜈蚣正好经过这里,就劝阻蚂蚁说:“小蚂蚁,你是不可能爬到屋顶上去的,你不要白费力气了,快回家去吧。”小蚂蚁听后回答说:“没事的,我一定会想办法爬上去的。”蜈蚣离开后,小蚂蚁咬咬嘴唇对自己说:“没关系,这面墙我爬不上去,我可以选择另外一条路上去。”于是小蚂蚁爬上了一棵大树,伸到房檐的树枝爬到了屋顶上。这只小蚂蚁经过努力,终于吃到了这块美味蛋糕渣。

生活中,我们无论做什么事情,还是实现人生理想,都会遭遇挫折,有时甚至会遭遇不可突破的失败,如果我们能像这只小蚂蚁一样,在失败面前对自己说“没关系,希望还在”,那么我们一定可以寻找到一条通向罗马的成功之路。

学会对自己说“没关系”,要抛开他人的眼光与评论,即便遭受他人的否认与嘲讽,也要坚持自我、相信自我;不断地进行自我完善,坚持自己的信念。

爱因斯坦的《三个小板凳》的故事大家都不陌生吧?在一次手工课上,同学们的作业都完成得相当出色,唯有爱因斯坦的作业是一只粗笨、丑陋的小板凳。当时,同学们哄堂大笑,老师也向他投来鄙夷的目光。而爱因斯坦这时又从书包里拿出了两个一模一样的小板凳,对老师说:“老师,我一共做了3个小板凳,我交给您的这个是其中最好的一个了。”当时听到爱因斯坦的话,老师觉得有点诧异,同学们仍然还在嘲笑爱因斯坦的愚笨。而此时,爱因斯坦说:“老师,没关系,我这次做的不能让您满意,我下一次一定会做得比这个更好。”

爱因斯坦这一句“没关系”看似是说给老师听的,但这一句简单的3个字在爱因斯坦的内心却是说给自己听的,他没有因别人的否认与嘲笑而自愧、气馁,反而却以自信的心态肯定了自己。爱因斯坦的这种自我完善与自我肯定精神,对其以后的成功产生了重要影响。

学会对自己说“没关系”，就要学会善待自己，在生活的困苦、艰辛中多给自己一点鼓励、多给自己一点安慰、多给自己一些爱。有一句话说得好：“再苦再累，也不要忘记爱自己。”人生也许会抛给我们无数艰辛与坎坷，如果我们自己还要为此为难自己，那么，我们要如何去创造快乐的人生呢?

当命运在人生际遇中给予你失败、挫折、否认时，你一定要记住对自己说一句“没关系，我可以……”那么，你给自己赢得的将是无限的成功!

做一个生活的淡泊者

一个人在一生之中，对于名利与心灵的权衡是不可规避的，我们作为主宰自己生活的国王，如果一心追求功名利禄、患得患失、满腹欲望，便会使心灵于重荷之中“骨瘦如柴”；一个心灵枯瘦之人，又如何开拓真正的精彩人生呢?唯有淡泊之人才能抛却贪欲与杂念，丰腴心灵，享受人生。

淡泊，是指恬淡寡欲之心，尤其指淡漠名利，不为名利所困。自古有诗云：“淡泊以明志，宁静以致远”，意思就是说人不追求名利，生活简单朴素才可显示出自己的兴趣；人不追求热闹，心境安宁清静，才可达到远大目标。淡泊是一种人生境界，淡泊者可心宽而天地广。

《圣经》中说：“你出自尘土，必归于尘土。既然一切皆空，如此，我们来到这个世上，不妨做做主人，且要做一回大度的主人，不必因计较得失而破坏美丽的人生。”做一回大度的主人，就是要做生活的主人，而只有淡泊之人才可自主于生活，不为名利所困、不为俗世所缚、不为琐事而扰，尽情地享受人生乐趣。

哲人以这样一个故事诠释了生活中权力、财富、欲望、心灵之间的关系：有一位国王，他有4个妻子，他特别爱他的第四个妻子，给她穿最好的衣服，吃最好的食物；他也很爱他的第三个妻子，经常带着她访问邻国、周游世界；他同样爱他的第二个妻子，将她视为知己，什么愿望都会向第二个妻子倾诉；而对于第一个妻子，他却经常忽视，尽管第一个妻子对他最忠心耿耿，帮助他守住财富和王位。国王经常为自己拥有4个妻子而感到骄傲，当他年事已高，躺在病榻上时，忽然想到：我有4个妻子，哪一个肯愿意陪我奔赴黄泉路呢？于是，他便问道："我亲爱的妻子们，你们能陪我一起进坟墓吗？"

第四个妻子回答说："这简直是无稽之谈！" 而后头也不回地走了；第三个妻子说："这怎么可能呢，你死了我是要改嫁的。"第二个妻子说："亲爱的，这件事我没有办法帮你，我唯一能做的就是帮你下葬。"这时，一个声音传来："我愿意陪着你去，你去哪我都愿意陪着你。"国王的第一个妻子哭着扑到他的床前，紧紧握住国王的手。国王见到自己的第一个妻子因为经常被自己忽视，她现在已经骨瘦如柴、憔悴不堪，不禁在感动中流下了悔恨的眼泪。

哲人说："生活中每一个人都是自己的国王，都拥有着4位妻子：第四位妻子是我们的身体，无论我们花费多少时间与精力去维护，她最终会随着我们的死亡而消失；第三位妻子是我们的财富、权力、地位，无论我们为之付出多少，生时她是我们的负累，死后她是别人的囊中之物；第二位妻子是我们无穷的欲望、贪念，她的存在只会成为我们心灵的负重，在我们离开人世时她不能给予我们任何东西；第一位妻子是我们的心灵，唯有她才是我们灵魂的皈依。而一味追求前者，则会使心灵荒芜，使生活失去本真的情趣。"

一个人在一生之中，对于名利与心灵的权衡是不可规避的，我们作为主宰自己生活的国王，如果我们一心追求功名利禄、患得患失、满腹欲望，便会使心灵于重荷之中"骨瘦如柴"；一个心灵枯瘦之人，又如何开拓真正的精彩人生呢？唯有淡泊之人才能抛却贪欲与杂念，丰腴心灵，享受人生。

做一个生活的淡泊者，就要保持“宠辱不惊”的心态，坦然面对人生的得与失。

一个年轻人与一个老者一同在河边钓鱼，两人垂钓了许久，却无一鱼上钩。垂头丧气的年轻人看着老者仍然怡然自得，禁不住问道：“您没有钓到鱼，为什么还如此快乐呢？”老者回答说：“因为你是在钓鱼，而我是在垂钓。你一心只为让鱼上钩，获取利益；而我是在享受垂钓的情趣，鱼来我也不喜，鱼去我也不忧，我心如止水，何来烦恼？”

陶渊明说：“一箪食，一瓢饮，不改其乐。”人生于世，得失无可避免，唯有淡然处之，才可“不以物喜，不以己悲”。

做一个生活的淡泊者，就要杜绝贪欲，使自己远离名利场的纷争。

两个迷途于沙漠之中的货商，一个商人为了减轻骆驼的负重，便于逃生，便丢掉了两只骆驼身上的货物，自己轮换着骑乘两只骆驼，最终走出了沙漠；另一个商人，不肯丢掉财富，还将第一个商人丢掉的货物都放到了自己骆驼的背上，致使两只骆驼累死于沙漠之中，自己也在茫茫沙漠中葬身。

名利就是一副枷锁，贪念就是自陷囹圄，唯有挣脱入世的束缚，才可“采菊东篱下，悠然见南山”。

做一个生活的淡泊者，就要以豁达的心境包容生活，不纠结于是非恩怨。

唐朝高僧慧宗禅师特别喜欢兰花，他和小和尚们在寺院中精心种植了很多兰花。一天，暴雨袭来前，小和尚们都忘记了给院中的兰花避雨，暴雨过后，看到凋零于泥淖之中的花瓣，小和尚们都等着慧宗的责骂。谁知慧宗说：“我养兰花是为了寻找爱好和乐趣，不是为了愤怒和责骂别人。如果你们可以脱离俗世的是非恩怨，你们的境界便升华到禅境了。”

抱怨使人狭隘，怨恨使人远离爱；生活中，唯有豁达才可“海纳百川”，唯有淡泊于那些是非纠结，才可感知更多美好。

做一个生活的淡泊者，与世无争不等同于消极处世，而是要我们在生活中去掉种种思想的包袱、灵魂的负重，轻松快乐地享受生活，以自我本色演绎精彩人生。

第2辑

面对缺陷，

要有“天生我材必有用”的自爱心态

每一个人都不能选择自己的身体，也许在一出生的时候，身体就存在着缺陷，我们常会为自己和别人有所不同而深深地自卑，会对自己什么也做不了的现状心灰意冷。与其心灰意冷，不如爱上不完美的自己。天生我材必有用，这种乐观自爱的心态，是我们面对身体缺陷时的灵药，不管别人怎么看待我们，怎么轻视我们，我们都要相信自己、肯定自己。只有这样，我们才能忘记身体上的伤，寻求属于我们自己的人生之路。

与其开口抱怨，不如默默努力

面对生命中身体上的缺陷，抱怨是不能解决问题的，理智地认清现实，寻找前面的道路，这才是最好的办法。走自己的路，不要畏惧别人的目光；走自己的路，不要和别人攀比。只要自己觉得快乐，只要能够帮助家人，分担他们身上的负担，这就够了。

有些时候，我们是不能决定自己的身体的。有些人一出生，就有一个好身体；有些人却在刚刚出生的时候，就注定了身体上挥之不去的伤和痛。有些人，从生到死，都能远离疾病和厄运，健健康康、顺顺利利地走完一生；但另一些人，却在拥有完整记忆的时候，因为某一突发事件，从此不得不忍受身体上的伤痛和折磨。

在身体面临缺陷的时候，有许多人都会抱怨命运的不公平。有的人选择意志消沉，随波逐流，甚至破罐子破摔，不仅仅伤害了自己，更伤害了身边疼爱自己的父母、关心自己的朋友。有的人选择了愤怒，怨天怨地怨父母，怨所有看到的一切人和事情，不但没有摆脱身体上的伤痛，反而让自己成了别人眼中的"愤青"，让周围的人觉得难以接近。

面对身体上的缺陷的时候，与其抱怨，不如默默努力。因为抱怨是解决不了问题的，唯有默默地努力，才能克服心理障碍。

著名文学家史铁生，在1972年的时候，不幸因病而瘫痪，失去了行走的权利，用他自己的话说就是“在最狂妄的年龄里，一下子瘫痪了”。后来他的整个人生都离不开轮椅这种行走工具，更不幸的是，他的肾脏出了毛病，得了尿毒症，只能靠着一周三次的透析来维持生命，命运对史铁生是多么的残酷啊，既夺走了他行走的权利，又让他在轮椅上经历着病魔的折磨。就是在这样的磨难当中，史铁生没有被打倒，而是勇敢地抬起了不屈的头颅，用坚强的手写下了动人的文字。他的作品，诸如《我遥远的清平湾》、《我与地坛》、《病隙碎笔》、《务虚笔记》、《我的丁一之旅》等，感动了多少人啊！这些情真意切的作品，用丰富的人文情感和深邃的哲理思想，温暖着一批又一批的读者。对史铁生来说，生命的含义非常的特别，在他的许多作品里，都用了大量的笔墨来探讨这个问题。生与死、完整与残缺、幸福与苦难、颓废与信仰等等，都在他的思考范围之内。在这些文字里，史铁生展示了自己是怎样在磨难中活出信心、活出意义来的，没有了健康的身体，靠着头脑，史铁生创造出了一个真实的传奇。

史铁生的作品，很多都被翻译成各国的文字在世界范围内出版。最受瞩目的是获得华语文学传媒大奖2002年度杰出成就奖。华语文学传媒大奖2002年度杰出成就奖得主史铁生的授奖词中是这么描述史铁生的：史铁生是当代中国最令人敬佩的作家之一。他的写作与他的生命完全同构在了一起，在自己的“写作之夜”，史铁生用残缺的身体，说出了最为健全而丰满的思想。他体验到的是生命的苦难，表达出的却是存在的明朗和欢乐，他睿智的言辞，照亮的反而是我们日益幽暗的内心。他的《病隙碎笔》作为2002年度中国文学最为重要的收获，一如既往地思考着生与死、残缺与爱情、苦难与信仰、写作与艺术等重大问题，并解答了“我”如何在场、如何活出意义来这些普遍性的精神难题。当多数作家在消费主义时代里放弃面对人的基本状况时，史铁生却居住在自己的内心，仍旧苦苦追索人之为人的价值和光辉，仍旧坚定地向存在的荒凉地带进发，坚定地与未明事物作斗争，这种勇气和执著，深深地唤起了我们对自身所处境遇的警醒和关怀。

不要总把目光锁定在伤痛的那一部分上，要坚信，剩下的那些也能让我们生活得美好坦然。要自力自足，从而获得生命的垂青，从而对自己今后的路充满信心。

心境决定处境

在险峻的华山上，有一个叫何天武的独臂挑夫，每天都背负着100多斤的货物，行走在艰险的山路上。20年前，何天武的妻子病重，为了给妻子治疗，他不但花尽了家里的积蓄，而且还借了很大的一笔外债，但妻子最终还是没有好转，离开了这个世界。家里一贫如洗，还有两个年幼的孩子，为了挣钱养家还债，何天武独自一人来到河南平顶山一家煤矿挖煤。但是，在那里，他遭遇了矿难，他的左胳膊被断裂的钢丝绳斩断了，从此变成了一个独臂的人。拿着仅仅4200元的赔偿金，何天武无奈地返回了家，他花了很多的时间，在荒山上平整出了几亩地，种上了庄稼，但在将要收获的时候，一场洪水把他的希望全部冲走了。无奈之下，为了养家糊口，他只得拖着仅剩下的一条手臂，再次走上了外出打工的道路。

一个只有一条手臂的人，想要在这个社会上找一份工作，是多么艰难的事情。何天武在求职的路上，遭受了无数的冷落，一次次地碰壁，被拒之门外。但他没有放弃，更没有自暴自弃。终于，凭借着这股子坚韧的精神，他在华山上找到了一份工作，做了挑夫。十几年来，何天武已经在华山上来来回回了3000多趟，用自己的血汗养活了一家老小，用自己仅剩的一条手臂，为残缺的家撑起了一片完整的天。也许，有的人觉得挑点儿东西并不难，但是，对一个只有一条手臂的人，行走在曲折蜿蜒、满是悬崖峭壁的华山上，那种艰险是难以想象的。行走在千尺幢险道时，一共有276个台阶，上下只容一人通过，断臂的何天武，不能像其他挑夫那样，累了可以换换肩膀，脚步不稳可以扶着铁链。在爬到这个险道时，开朗健谈的老何沉默了，他开始把注意力放在把握重心上了。在攀爬苍龙岭的时候，老何的身子几乎都要贴在台阶上了。偶尔有下山的游客经过身边，他都会伸手去扶一把，嘱咐一声："小心，慢点……"

何天武的生活很苦，但他从来没有埋怨过什么。他住在60元一个月的山脚小屋中，凭借着自己坚强的意志，靠着坚实的脊梁，在这华山的路上已经挣扎了好几年了。这种艰辛的日子还在继续，他从山脚下往山顶上背一公斤的货物仅仅挣六角钱，背50公斤的货物，才换来30块钱的运费！一年12个月，除去4个月的淡季，他天天早晨6点就起床，自己做饭，然后背上货物，一步一步地在山路上前行。下午天黑的时候，他才下山，还要在沿途的商家那里揽活儿，干挑夫这种活计的人都知道，不怕苦，就怕没活干。每月能给家里寄200元，总算尽到自己作为父亲的责任。

何天武的生活尽管艰苦，但他生活得很坚强，从来也没有抱怨过什么，而是认清现实，一步一个脚印，踏踏实实地走自己的路。每个人的人生都不一样，在他看来，做一个挑夫，就是他的人生，他要用这微薄的收入，撑起家人面前的一片天。

面对生命中身体上的缺陷，抱怨是不能解决问题的，理智地认清现实，寻找前面的道路，这才是最好的办法。走自己的路，不要畏惧别人的目光；走自己的路，不要和别人攀比。只要自己觉得快乐，只要能够帮助家人，分担他们身上的负担，这就够了。

❖接受自己，才能赢得阳光❖

接受自己，意味着我们要有一个良好的心态，要坚信主观上的能动性，可以创造出奇迹。接受自己，意味着我们想要改变，要坚信缺陷可以通过努力来弥补。接受自己，意味着面对现实，不管现实对于我们来说多么的残酷。

假如，我们很不幸身体上有了所谓的缺陷，那么千万不要自己讨厌自己。在这个世界上，别人可以把我们当成弱势群体，唯独自己不能把自己当成不同的存在。面对我们身体上不能改变的缺陷，自暴自弃，是非常不理智的行为，它不能改变我们的处境，不能给予我们什么实质上的帮助，只能使我们的生活变得越来越糟糕。想要让今后的生活继续，想要让自己生活得更加美好，就要接受自己，只有这样，我们才能赢得阳光。

心境
决定处境

接受自己，意味着我们要有一个良好的心态，只要坚信自己的主观能动性，就可以创造出奇迹。

心态对一个人来说特别重要，好的心态能够使人产生向上的力量，即使是一个身体上被伤痛折磨的人，在好心态的影响下，也会喜悦，也会全身都充满生气，体现出一个正常人的沉着和冷静，和周围的人和谐相处。但是一个不好的、消极的心态，则会使你自暴自弃、不思进取，甚至颓废、悲观、绝望，以至于整日无精打采、萎靡不振，常常会因为心情不好而乱发脾气，也不愿意配合别人的工作，对别人善意的帮助产生敌视情绪，导致自己的人际关系日益紧张。

小李从一出生就得了小儿麻痹症，现在在一家超市工作。小的时候，小李经常埋怨父母，总是问为什么自己和别的人不一样，为什么自己不能和别的小朋友一起蹦蹦跳跳地上学，甚至连走路都要别人扶着。后来，妈妈告诉小李，因为当时的医疗条件落后，妈妈生她的时候难产，能安全地生下她来就算“命大”了。小李知道以后，心态就改变了，虽然落下了残疾，但总算保住了一条生命，能来到这个世上走一遭，所以，小李以后就不再埋怨什么了，做什么事情都不轻言放弃。中学毕业以后，小李走向了社会，刚开始，在一家制衣厂打杂，但刚刚做满一年的临时工，就无缘无故地被老板辞退了。

但是小李没有抱怨，坚信生活会好起来的。小李在家学会了电脑打字，学会了上网，她通过网络，幸运地遇到了自己现在的丈夫，一个非常爱她的、健全的人，他们现在还有一个可爱的女儿。后来，她通过朋友的介绍，来到了现在的这家超市上班。她的顽强、她的好学、她的认真仔细，深深地打动了周围的同事和领导。第一天上班的时候，她在同事的搀扶下完成了培训，连中午饭也是同事帮着打的。但是第二天上班后，小李就主动要求自己独立地工作，她推着一辆购物车当拐杖，在后面的仓库里整理货物；吃饭的时候，也自己排队打饭，每当小李自己独立完成一件工作的时候，内心当中就充满了一份自食其力的幸福感。

对一个身体上有缺陷的人来说，良好乐观的心态是非常重要的财富。有一个心理学家曾经做过这么一个实验，他把一个被判了死刑的人关在一间漆黑的囚室里，并蒙上他的双眼，然后对这个死囚说："我们准备了一种很特别的方式结束你的生命，我们准备把你的血管切开，让你的血一滴滴地流出来，直到流尽最后一滴，这样的死法是不是很特别?"然后这个心理学家打开了一旁的水龙头，让这个死囚犯听到滴水的声音，心理学家说，这就是你的血在滴。等到第二天的时候，打开这间囚室的房门，那个囚犯已经死了，脸上白白的，好像一点血色都没有。其实这个囚犯一滴血也没有流失，他被吓死了！从这个故事中，我们可以看出，心态对一个人是多么的重要，要想接受自己，必须要改变自己的心，因为，它能让一个人死，也能让一个人生，这就是主观能动性的力量。

接受自己，意味着我们想要改变，要坚信缺陷可以通过努力来弥补。接受自己，意味着面对现实，不管现实对于我们来说有多么的残酷。

英国作家布莱特，一生下来就不能走路，一直到他 5 岁的时候，还是不会走路，也不会说话，连他的颈部、上肢都不能自由地支配，只有左脚很灵活。就在这一年，布莱特看到妹妹在家里的地板上用粉笔写字，使他受到了启发，就用左脚夹起了粉笔，也在地上勾画了起来。两个月后，他学会了 26 个英文字母，从此，在母亲的耐心教导下，他学会了读书识字。布莱特喜欢霍金，还有他那种改变生活的动力，凭借着这种不屈不挠的努力，他学会了用左脚写字，后来学会了用左脚在打字机上打字，尽管每打一个字，布莱特需要付出正常人几倍的努力，但他始终没有放弃自己的写作梦想。22 岁那年，布莱特终于出版了他的第一本自传体小说《左脚上的生活》，几年以后，他又出版了另一本小说《生在彼时》，成了世界上的畅销书，有 20 多个国家都出版了这本书，还拍成了电影。在他 30 年的短暂人生中，共创作了 4 本小说、3 本诗集，这些都是靠他用一只左脚打出来的。

布莱特虽然失去了很多，但他有左脚，并通过不懈的努力，不仅弥补了这种缺陷，还超越了常人，取得了常人所不能达到的成就。

❖自爱地活着，才能享受生活❖

身体上的缺陷，就像弹簧一样，我们越是使劲地挤压它，它反冲过来的力量也就越大。所以，我们一定要坦然地面对身体上的伤病所带来的缺陷，不仇视别人，也不自卑，对自己的将来要有信心，不让身体上的因素困扰自己，努力寻找自己身上的闪光点，相信一定能够有所发现的，有句话说得好，上帝在关闭一扇门的时候，也会给你打开一扇窗，我们不能让这缺陷的阴影遮蔽住我们整个人的心灵。努力地去发现，活出一个真实的自我，活出一个超越的自我。

俗话说"金无足赤，人无完人"，这是不能改变的事实，但每个人心里或多或少地都存在着这么一种渴望，梦想着自己能够成为一个完美无缺的人，成为一个十全十美的人。然而，现实社会总是让一些人感到残酷：想参加运动会，却身无特长；想参加演讲比赛，却有着一口浓重的地方口音；想报名文学社，却被告知没有文学细胞；想当模特，身体又不苗条；学美术，被人家称为只会涂鸦；学音乐，发音又不全……很多的遗憾、很多的叹息。健康的人尚且如此，身体上有伤痛的人，遗憾也许就更多了，也许，在健康人的眼里，一些理所当然的事情都成了奢望。正因为如此，伤痛缠身的人，常常选择逃避，选择自暴自弃，甚至选择结束自己的生命，用一种极端的方式告别这个多彩的世界。其实，这是完全没有必要的，面对身上的缺点和伤病，最好的方式是，自爱地活着，放弃那些得不到的幻想，真真实实地走自己的路，过自己的日子。

自爱地活着，要求我们必须直面缺陷，不做把头埋进土里的鸵鸟。身体上的伤病，可分两种：一种是可以通过后天的努力弥补的缺点，比如说运动的技能、知识等等，往往能通过后天的努力改善和提高；另一种身体上的伤病是不可弥补的，比如说身体上或者生理机能上有缺陷的地方。面对前面的这一种，意志坚强、奋斗不息，定能完善自己，实现人生中的飞跃；面对后面的这一种，我们要勇敢地正视自己和常人相比身上的弱点和不足，勇敢地学会放弃，将自己所有的时间和精力都投入到可以塑造的、可以发展的那一部分当中去。

那么，为什么要直面缺陷呢?我们需要从下面的几个方面来认识这个问题。

1.身体上的伤病和缺点是相对的，一个人不可能一点缺点也没有，缺陷是不可避免的，只是程度不同罢了。所以，每个人都要认识到，有缺陷的身体，才是真正的身体，所以我们需要直面伤病带来的缺陷。

2.只有勇敢地面对身体上的伤病，才能尽可能地通过精神上的力量来弥补、来战胜它，从而提高生活的质量，挖掘生命的深度，提高人生的价值。

3.直面身体上的伤病，是一种智慧。面对伤病带来的缺陷，当我们意识到它可以通过我们后天的努力来矫正的时候，我们既可以在现有的基础上，用一种不满足现状的拼搏精神，把这种伤病带来的痛苦化为压力，让压力再转变成我们前进的动力，从而激励我们一步一步地向前，尽最大的努力去矫正这个缺陷；当我们清醒地意识到这个缺陷是不能弥补的时候，我们也可以理性地分析出自己的其他优势，在以后的人生之路上做到扬长避短，乐观地追求自己的人生之梦，达观地向这个世界展示自我。

4.直面身体上的缺陷，我们才能克服心理上的阴影，摒弃自卑，包容他人，坦然面对别人的非议和冷眼，在面对别人的嘲笑之时，也能心平气和。在人生之路上，不管是生活还是工作，都能做到不逃避、不懦弱，扬起自信的翅膀，挥舞坚强的双臂，做一个生机勃勃的人，做一个潇洒轻松的人。

那么，自爱地活着，敢于直面身体上的伤病，我们应该怎么去做呢?

1.要敢于挑战身体上的伤病，用加倍的努力来缩小它，尽量地换个角度来认识，变短为长。人体的缺陷，包括生理的、病理的、肢体的、性情的，多数是无法克服的，但也并不是完全不能逾越的，精神上的动力，往往能够创造出奇迹。

2.身体上的伤病，就像弹簧一样，我们越是使劲地挤压它，它反冲过来的力量也就越大。所以，我们一定要达观地面对身体上的伤病所带来的缺陷，不仇视别人，也不自卑，对自己的将来要有信心，不让身体上的因素困扰自己，努力寻找自己身上的闪光点，相信一定能够有所发现的，有句话说得好，上帝在关闭一扇门的时候，也会给你打开一扇窗，我们不能让这缺陷的阴影遮蔽住我们整个人的心灵。努力地去发现，活出一个真实的自我，活出一个超越的自我。

张海迪的故事就生动地说明了这个道理：达观地活着，才能享受生活；直面缺陷，才能走出阴影。张海迪，1955 年 9 月 16 日秋天在济南出生。5 岁患脊髓病导致高位截瘫。从那时起，张海迪开始了她独特的人生。她无法上学，便在家中自学完成中学课程。15 岁时，张海迪跟随父母下放山东农村，给孩子当起了老师，在这期间她自学针灸医术，为乡亲们无偿治疗，张海迪还当过无线电修理工。

她虽然没有机会走进校园，却发奋学习，学完了小学、中学的全部课程，自学了大学英语、日语和德语，并攻读了大学和硕士研究生的课程。1983 年张海迪开始从事文学创作，先后翻译了数十万字的英语小说，编著了《生命的追问》、《轮椅上的梦》等书籍。其中《轮椅上的梦》在日本和韩国出版，而《生命的追问》出版不到半年，已重印 4 次，获得了全国“五个一工程”图书奖。2002 年，一部长达 30 万字的长篇小说《绝顶》问世。《绝顶》被中宣部和国家新闻出版署列为向“十六大”献礼重点图书并连获“全国第三届奋发文明进步图书奖”、“首届中国出版集团图书奖”、“第八届中国青年优秀读物奖”、“第二届中国女性文学奖”、“中宣部‘五个一’工程图书奖”。

从 1983 年开始，张海迪创作和翻译的作品超过 100 万字。为了对社会作出更大的贡献，她先后自学了十几种医学专著，同时向有经验的医生请教，学会了针灸等医术，为群众无偿治疗达 1 万多人次。1983 年，《中国青年报》发表《是颗流星，就要把光留给人间》，张海迪名噪中华，获得两个美誉，一个是“80 年代新雷锋”，一个是“当代保尔”。张海迪怀着“活着就要做个对社会有益的人”的信念，以保尔为榜样，勇于把自己的光和热献给人民。她以自己的言行,回答了亿万青年非常关心的人生观、价值观问题。

张海迪达观地活着,不仅仅感染了周围的人,给他们带来了精神上的力量,也使自己享受到了生命中的乐趣。达观地活着,直面身体上的缺陷和伤痛,这样我们才能享受生命!

❖换个角度,缺陷也很美❖

事情往往都是两面的,从这一面看,山穷水尽,没有什么出路,但假如我们换个角度,可能就会发现,原来,这里面也有美丽,即使是缺陷,也是一种美丽。缺陷之美,美在精神上的顽强和坚韧。缺陷之美,美在不卑不亢。假如上帝真的把缺陷给予了我们,请不要自卑自弃。缺陷并不丑陋,也不可怕,只要我们敢于面对,敢于重新审视自己,换一个角度,那么这种缺陷也是我们人生之路上的美丽风景!

通常,人们追求完美,躲避缺陷,这是人之常情,无可厚非。然而,一旦我们面对缺陷,却承受不了那种"与众不同",即使我们承受住了,也往往会因为周围人们的有色目光而产生深深的自卑感,以至于让心中的阴影吞噬掉那点仅存的自信。

其实,事情往往都是两面的,从这一面看,山穷水尽,没有什么出路,但假如我们换个角度,可能就会发现,原来,这里面也有美丽,即使是缺陷,也是一种美丽。

心境
决定处境

300多年前，印度古代的一个皇帝沙加汗，他的一个爱妃蒙泰兹因为难产而死，为了寄托自己的思念之情，他决心给蒙泰兹修一座世界上独一无二的陵墓，所以他找来了印度最好的设计师和工匠，从内到外，事无巨细，都要求做到完美对称、华丽壮观。但是，历史跟他开了个残酷的玩笑，因为这座华丽的陵寝，皇帝心中的爱情杰作，把印度老百姓压榨得一点余财也没有了，巨大的耗资，引起了民怨。在这种情势下，沙加汗的儿子篡了位，把他囚禁了起来，直到他去世也没有获得自由。而他在位的时候，还想为自己也建造一座同样华丽的陵墓，和泰姬陵遥遥相对，这一下子，都成为空想了。更可悲的是，在沙加汗死后，因为没有陵寝安葬，所以就把他的棺材放置在了泰姬陵里面——蒙泰兹棺椁之旁。这种做法，一下子打碎了他生前所追求的至高无上的对称美了。但正因为如此，他才能和爱妃同穴而眠，难道这不应该庆幸吗?

其实有时候，缺陷也是一种美，就像太整齐、太完美的脸会让人觉得不真实，不对称的脸反而更有亲和力一样。有些时候，正是因为不完美，才充满了变化的可能，才具有了一种改变的动力，演变出持续的生命力。从这个角度上看，缺陷也是一种美。

缺陷之美，美在精神上的顽强和坚韧。

想起英国的伟大科学家霍金，所有人的眼前都会呈现出这位科学领域的大师那永远深邃的目光和灿烂的笑容。所有的人都对霍金的成就表示深深的敬意，但他的成就并不是唯一的因素，另一个让人起敬的原因是，霍金的那种不屈而又顽强的斗士精神!

曾经有这么一个故事发生在霍金身上，当他的一次学术报告完成的时候，台下的一个男记者一下子跨上了讲台，面对这位在轮椅中生活了30几年的科学大师，在敬佩之余，又不甘心地问了一个这样的问题:“霍金先生，这该死的疾病已经把您的一生都固定在了轮椅之上，您难道不认为命运对您太残酷了吗?”这个男记者突兀尖锐的问题，顿时让整个报告厅变得鸦雀无声，一时静得连根针掉在地上的声音都能听到。霍金的脸上依然挂着恬静灿烂的微笑，他努力地用他那唯一能活动的手指，一下一下，艰难地敲击着键盘，于是，给他特制的语音合成器上发出了标准的声音，不高不低，不愠不恼，宽大的投影屏幕上缓慢地出现了这样一段文字：我现在的手指还能动，我的大脑还能思维；我有终生追求的理想，还有我爱的和爱我的亲人和朋友；对了，我还有一颗感恩的心……

在场的每一个人都被这有力的话语所震撼，片刻的宁静之后，紧接着的就是雷鸣般的掌声。所有的人都涌向霍金，簇拥着这位伟大的科学家，向他表达自己发自内心的赞美和尊敬。在这个时候，霍金的缺陷，难道是不美丽的吗？

缺陷之美，美在不卑不亢。有这么一个故事，很能说明这个道理。

从前，有一个农民，他的家里有两只水桶，一只完整无缺，另一只却在一侧有一道裂痕。农民每天都用一根扁担挑着这两只水桶，到村边的小河里去挑水，那只有裂痕的水桶，每次到家的时候，总会漏掉很多，只有半桶水留在里面，而另一只总是满的。就这样，3年来，日复一日，年复一年，农民天天挑一担水，却只能收获一桶半。

完整的木桶，因为自己的无缺而洋洋自得，而有裂痕的木桶，也因为自己的缺陷而羞愧难当。经过了3年的沉默之后，有裂痕的桶终于鼓起了勇气，向主人开口诉说："我真觉得自己很失败、很惭愧，因为我的身体上有一条裂痕，我这3年来，一直在路上漏水，所以每次从河边到家里，只剩下半桶水。"

农民听了后回答它说："不知道你自己意识到了没有？在靠近你的那一侧的路边上，开满了美丽的花朵，而在靠近那只完整的水桶的一边，却没有一朵花。我从一开始就知道你漏水，所以在靠近你的那条路边上撒上了花籽。每天挑着你们回家的路上，就会给它们浇水。3年了，我经常把这路边开着的鲜花采摘下来，拿到集市上赚钱。如果不是因为你的所谓的缺陷，我怎么会收获美丽的鲜花呢？又怎么用它们来装扮我的家呢？"

假如上帝真的把缺陷给予了我们，请不要自卑自弃。缺陷并不丑陋，也不可怕，只要我们敢于面对，敢于重新审视自己，换一个角度，那么这种缺陷也是我们人生之路上的美丽风景！

❖取得成功,需要不断自我暗示❖

积极的自我暗示,能够在心理上对自己做出先期的肯定,这种自我暗示,是对某种事情的正面的、积极的判断,能够使我们在想象中坚定和执著。常常进行这种积极的心理暗示,在行动之前肯定自己,能让我们在一开始就能保持住一种积极的心理状态和趋势,来替换我们过去的陈旧观念和否定性的思维。

一个正常人想要成功不容易,一个身体上有缺陷的人想要取得成功,就更加不容易了。要想成功,除了要付出比正常人多得多的努力,承受比正常人大得多的压力之外,还要学会不断的自我暗示,以此增加自己的自信心,增加成功的几率。

那么,自我暗示有什么样的作用呢?

一般说来,消极的心理暗示,能够让人的判断出现偏差,能够让人的自信心下降,让人自暴自弃,甚至陷于不切实际的幻想之中不能自拔,这种情况下,很容易做出脱离自身实际的事情来。比较消极的心理暗示,时间久了,就容易让人在心理上形成固定的模式,不管面对什么事情或者人物,自卑,偏听偏信,往往情绪化,凭着直觉办事情。

积极的自我暗示,能够在心理上对自己做出先期的肯定,这种自我暗示,是对某种事情的正面的、积极的判断,能够使我们在想象中坚定和执著的一种表达方式。常常进行这种积极的心理暗示,以此在行动之前可肯定自己,能让我们在一开始就能保持住一种积极的心理状态，来替换我们过去的陈旧观念和否定性的思维。积极的心理暗示，是一种取得成功的技巧，是一种能够在短时间内改变我们生活方式和思维方式的技巧。

《三国演义》里面有这样一个故事，讲的是曹操有一次带兵出征，因为起了大雾，一下子找不到路了，走来走去，整个队伍就迷路了，更要命的是，找不到水源，队伍里的士兵都被渴得口干舌燥，仿佛嗓子都在冒烟了。骑在马上的曹操看到这种情况，心想要是长久这样下去，势必影响了士气，所以就指着前面的一座似隐似现的高山对士兵们说："看到前面的那座高山了吗，那上面全是梅子！"士兵们听到耳朵里，一下子都想到了那种甜甜酸酸的水果来了，顿时就流出了口水，口渴的感觉一下子就没有了。曹操趁机指挥军队一口气向前行进了50多里路，终于找到了水源。这就是历史上有名的望梅止渴的故事，曹操利用梅子这一虚幻的事物，收到了一种解渴的效果。

上面提到的是一种积极的"他暗示"，也就是别人的暗示。通常意义上的积极心理暗示，一般指的是"自我暗示"，即自己对自己的一种鼓励。这种自我暗示，形式有很多，可以在心中默不作声地进行，也可以旁若无人地大声吼出来，还可以把它写在日记里面，每天都看一遍，当然编成歌曲唱出来也是很好的方法。不管用什么样的方式，只要坚持每天练习十几分钟，熟悉自我肯定的意义，就能抵消以前的消极思想，让我们变得越来越积极果敢。在这种积极暗示下，我们就能改变不如意的现实，开创一个更加美好的明天和未来。

在《启动心的力量》这本书中，露易丝·海是这样描述积极的心理暗示的：

过去的事已经成为了记忆，怎样看待它取决于你自己。我们拥有的是现在，现在我们有感觉，现在我们在继续生活，今天我们所做的一切决定着明天。我们不能在明天做什么，也不能在昨天做什么，我们拥有的是今天，重要的是我们现在选择什么样的思想和信念，选择说什么样的话。

当我们有意识地控制住了自己的思想和语言，就是找到了塑造生命的工具，我知道，这听起来似乎很简单，请记住：我们的力量就在此刻。你的心灵没有控制你，而是你控制着自己的心灵，更高的自我在控制着你，明白这点很重要。你可以停止旧的思想，如果旧的思想又回来对你说："改变真难。"试图要从精神上控制你，请对自己说："我现在选择相信，对我来说，改变很容易。"请不断地默诵这句话，让旧的思想知道你是主宰，你真的像自己所说的那样。请把你的思想想象成水滴，一个思想或一滴水显得很少，当你一遍又一遍地自我暗示某种思想时，你会发现，一开始，就像水滴把地毯弄湿了，后来变成一盆水、一个池塘，然后不断增多，变成一个湖，最后变成了汪洋大海，这是个什么样的大海呢？是不能游泳的臭水塘？还是清澈蔚蓝、让人看了就想跳下去畅游的大海？许多人总对我说："我不能停止思想。"我回答："可以，你能做到。"记得吗？你经常拒绝积极的思想，你只要告诉自己，你要停止消极的思想，我不是说让你和自己的思想作斗争吗，当消极的思想出现时，你只要对它说："感谢你的参与。"这不是拒绝，而是不把力量浪费在消极的思想上，告诉自己，你不再用消极的态度去思想，你要为自己建设新思想，不要和自己的思想作斗争，请认识并超越它们，不要沉迷于消极思想中，然后，你将会超越生命。你是美妙生活的体现，生活正等待你去挖掘它的美好和价值，宇宙间的各种智慧都是你的，请用这些智慧来帮助自己，请相信，你身上有一种力量，随时为你提供帮助。如果你觉得害怕，请将注意力集中在呼吸上，呼吸是你生命中最有价值的事，你自由地拥有呼吸，你的一生都充满了呼吸。

也许你会毫不犹豫地承认呼吸很有价值，却怀疑生活能否为你提供必需的一切，现在是时候了，请认识自己的力量和聪明才智，请深入自己的内心，寻找你是谁？

看了这些内容后，我们就知道，要想成功，就需要我们不断地进行心理暗示，以此发掘心灵的力量。

❖拥有自爱的心态，快乐前行❖

既然我们阻止不了我们身上的伤病，那么，我们就不需要把目光永远局限在病痛上。敞开心灵，闯荡世界，不管遭遇到多少的白眼和歧视，只要自己有目标、有理想，就能活出同正常人同样精彩的人生来，甚至超越那些所谓的正常人，把身体上的伤病，转化为一种前进的动力，达到一个常人所不及的高度。

人生多姿，身体上的伤病和残缺不能成为我们前进的绊脚石。每个人面前都有一条属于自己的路，不管怎样，我们都要走下去，快乐地前行。

不要和那些正常人做比较，假如事事都要和他们比较的话，那就注定了一辈子也不会快乐起来。我们要正视自己的现状，不做不切实际的幻想，脚踏实地，从自己的实际情况出发，走一条自己力所能及的道路，只有这样，我们的生命才会在实践中拓展，我们的心胸也会在一次又一次看似平凡的成功之中得到满足，从而感到幸福。一句话，不管什么样的人生，只要正视它，就会多姿多彩，只有这样，我们才能快乐前行。

也许，我们身体上的伤病会激发出我们的潜力，让我们走上一条辉煌的路，这是幸运的，也是值得追求的。

邰丽华，这个不会说话也听不到任何声音的姑娘，起初没有人相信她能够在没有音乐的环境中舞出优美的意境出来。舞蹈对于邰丽华来说，就是她的语言、她的音乐，也是她童年的回忆，是她整个精神的寄托，是她和这个世界交流的唯一方式，更是她人生定位的根本。为了学会舞蹈，她在很小的时候，就把自己变成了一个不停旋转的陀螺，一天24小时里，所有的时间，除了吃饭睡觉之外，全都花在了舞蹈上面。学过舞蹈的人都知道，舞蹈离不开音乐的伴奏，音乐和舞蹈的关系，就像水和鱼之间的关系一样，没有了音乐的节拍，舞蹈是跳不好的。但邰丽华什么音乐也听不到，为了能够跳好舞，她能做的只有记住每个舞蹈的动作节拍，然后不断地重复，然后再记忆，再重复，再记忆……邰丽华的舞蹈，是用心来伴奏的，虽然她听不到音乐，但音乐却融进了她的血液之中。

舞蹈，成就了邰丽华精彩的人生。1992年10月，在意大利举办的一次"无国界文明艺术节"，应邀出席的都是当今世界上知名度非常高的超级明星，邰丽华作为参加者中唯一一名残疾人舞蹈艺术家，为这次节日表演了中国元素十足的舞蹈《敦煌彩塑》，引起了巨大的反响。邰丽华用她那无声但高洁的舞姿征服了世界上不同肤色的人们，舞出了别样的人生。

但是，并不是所有的人都像邰丽华那样，能带着身体上的伤痛，舞出精彩的人生来。大多数残缺的人，都会平凡地生活着，甚至在挣扎着，也许在那些正常人眼里，这样的人生非常不幸，但只要我们自己满足并在这平凡甚至挣扎中感悟到快乐，那么，这样的人生，也同样是精彩的、多姿的。

曾经对自己身上的残缺而耿耿于怀的小吴，认为自己是个聋哑人，注定一辈子要依靠父母，找不到什么合适的工作。但是现在，她找到了自己30多年来的第一份工作——在一家很有名气的大超市里收拾购物车和购物篮。由于小吴听不到什么声音，也说不出一句话，在以前的招聘会上总是碰壁，要不就是在面试的时候被无情地刷下来。后来，小吴学会了手语，终于在一个写字楼里找到了一份清洁的工作，但是，工作3年后，企业因为经营不好，需要裁员节流，由于小吴是临时工，所以她很快就失业了。后来她到现在这家超市面试的时候，主考官们都注意到了她，不仅仅因为她聋哑人的特殊身份，还因为她的笑，非常亲切，有感染力。就这样，她被这家超市录取为正式的员工。小吴和同事交流的时候大多通过随身携带的笔和纸，当超市里的顾客询问小吴事情的时候，她就会马上把问题写在纸上，寻求同事的帮助。小吴在超市的时候，永远都带着灿烂的微笑，虽然她的工作在别人眼里非常的简单，只是整理一下购物车和购物篮、摆一摆散乱的货物什么的，但她自己却非常珍惜这项工作，而且她非常的快乐。能和丈夫一起养家的感觉，真的很好！后来，时间长了，小吴的同事们都学会了不少的手语，能够做简单的交流了，而一些常来超市的熟客，知道小吴是聋哑人之后，都很敬佩她，大家说："每次我们买完东西后，她都会对我们微笑，真没想到她会是残疾人。很佩服她的乐观的精神。"

小吴的生活虽然简简单单，甚至经历了一些痛苦的挣扎，但这种生活跟正常人的生活一样，同样精彩，甚至更有价值，更富有乐趣。

我们要懂得这么一条道理：人生多姿，什么样的路都要快乐前行。只要脚踏实地，不管前路多么艰涩，我们都能收获快乐！

第3辑

面对困厄，

要有“直挂云帆济沧海”的乐观心态

人生之路不会一帆风顺，有晴天时的万里阳光，也有阴天时的乌云压顶。顺遂的时候固然要高兴，但面对困难和厄运的时候也不能沮丧失志，要有“直挂云帆济沧海”的乐观精神，这将会驱散我们心中的厄运阴影，使我们直面眼前的不顺，使我们坚强起来，乐观地面对。在战略上蔑视它，战术上重视它，困厄没有什么了不起的，咬咬牙也就过去了，做好手中的每一件事情，就是迈出了摆脱困厄的第一步。

不顺是很正常的，没有谁能被上帝永远眷顾

以正确的态度认知困厄，就要以笑看云卷云舒的心态去应对困厄，当你身处顺境之中时，不要认为自己是上帝的宠儿就可以一帆风顺、前途无阻，面对顺境，你要随时做好接受挫折考验的心理准备；当你身处逆境之中时，不能认为自己是被生活遗弃的败者，你要知道：这世上唯有自弃之人才会沦为人生的败者。

困厄，即指困苦艰难，比喻人所遭遇的艰苦困难的境遇。困厄是人们在生活中最不希望发生的，但困厄不会因人的不希望而永不发生。一句歌词唱得好："人生路上难免悲喜和苦忧，要勇敢地抬头。"在人生的路途中，没有人能够得到上帝永远的眷顾，遭遇不顺是在所难免的，一个人应该对困厄的发生和处境有一个清醒的认知。

有时候，在困厄发生时，一些人不禁心生抱怨，认为这是上苍的不公。他们总是在心里追问：为什么我要经历这些坎坷波折?为什么有人就会一帆风顺?为什么我不可以平步青云?这些坎坷是上苍对我的惩罚吗?这无疑是一种悲观的心理意识，一个人将人生困厄归结为"上帝的惩罚"，其在心里形成的思想认识便是对生活的绝望。一个心生绝望的人，将永远生活在悲望与痛苦中，何谈人生之成功！甚至，这些人会

因为对生活的沮丧而丧失生活的勇气，做出轻生之举。

在某网站上曾经讲述过这样一个极具悲剧性的故事，这个故事的主人公是张某。张某是就读于武汉大学的一个博士生，他自小学习成绩极为优异，凭借着自己的刻苦与聪慧，在中考、高考、考研与考博中一路过关斩将，可谓学业有成。张某一直为自己的成绩与成功感到骄傲，尤其在考上博士研究生之后，他闭上眼睛都会看到自己无限光明的未来。张某一直认为自己是上苍的宠儿，自己的人生将会永远一帆风顺、无灾无难。可是再怎样也无法让张某预料到的是，自己的博士研究生毕业论文竟然一直无法准许通过，论文无法通过，便不能名正言顺地毕业、不能获得博士学位，这对张某而言无疑是巨大的打击。在延迟毕业的第二年，张某的毕业论文再次被否认，当时导师对他说某些论述与调研不够深刻，不具现实意义，希望他回去再深入研究一下。

可是此时的张某却感觉到心灰意冷，再也没有了当初意气风发、信心百倍的昂扬斗志。他觉得："我本该顺利毕业，而后去开拓我的辉煌人生的，为什么老天要让我遭遇如此困境？我的人生怎么就会变如此不顺呢？"这些悲观的想法让张某感到前途无光，感觉自己二三十年的奋斗全部失去了意义，第二天早晨他便跳楼自杀了。

张某自杀事件立即在社会引起了广泛的关注与重视，引起了社会公众，尤其是青年人对如何应对困厄的深度思索。其实与张某一起因论文不合格而导致不能如期毕业的学生还有两个，但是他们都认为这种情况实属寻常的人生经历。面对记者，张某的同学李某说："论文没有通过算不得什么，人这一辈子怎么可能不经历任何波折呢？人总要经历这样那样的不顺的，面对这些，如果不能坦然接受、正确地面对，那还怎么生存呢？至于毕业论文，我按照导师要求的去修改，总会有通过的一天的。"第二年，张某的同学李某的博士毕业论文便获得了通过，成功地取得了博士学位。与此相比，张某却再也没有实现人生梦想的机会了。

现在反思张某的自杀事件，其悲剧发生的根本原因就在于，在之前的一帆风顺与现在的困境不顺所形成的巨大反差中，张某对困厄导致的逆境所产生的偏激认识，由此生成了极度的悲观绝望心态。如果张某能够以正确的认知去分析困境，在不顺的境遇中积极地寻求出口，他的人生一定会是另一番多彩多姿，一定会继续最初的辉煌理想。就如李某所言，人的一生总要经历这样或者那样的不顺，这些不顺都属于极为正常的事情，是一个人所要必须面对的生活。一个人如果不能以平和的心态去对待这些常理之中的逆境，永远也不可能获得成功的人生。

有两只青蛙一同落进了一个大牛奶罐子里，虽然里面有少量的牛奶，短期内不会使青蛙饿死，但很难再跳出的牛奶罐子了，对两只青蛙而言无疑是灭顶之灾。这时，其中一只青蛙心里想："哎，我怎么会这么倒霉呢，怎么会有如此不顺的事情发生，看来我的末日到了。"这只青蛙从此不吃不喝，困死在牛奶罐子里。而另一只青蛙却对自己说："没关系，我每天什么地方都去，掉进这里也是很正常的。我是最擅长跳跃的，一定可以跳出这只铁罐子。"于是这只青蛙每天都喝很多牛奶，然后努力地向外跳。尽管它一次又一次地失败，但它仍旧对自己说："跳不出去也是很正常的，我要加油，早晚会跳出去的。"就这样，它一次比一次跳得高，最终跳出了牛奶罐子。

第一只青蛙认为困厄是灭顶之灾，它坐以待毙，最终死亡；第二只青蛙认为困厄是常理之情，它不懈努力，获得新生。从两只青蛙的不同结局，足可窥见：以正确的态度认知困厄，是人生反败为胜的法宝。

以正确的态度认知困厄，就要懂得挫折与逆境不是上帝对你的惩罚，而是上苍对你的考验。认定一生就像在一个大考场中参加考试，不可避免地会遇到各种各样的难题，这些难题是人生对你的能力与品性的考验，只有坚定自我、从容应对、通过考验的人，才会在这场大考试中取得优异的成绩，成就辉煌的人生。

以正确的态度认知困厄，就要能够以笑看云卷云舒的心态去应对困厄，当你身处顺境之中时，不要认为自己是上帝的宠儿就可以一帆风顺、前途无阻，面对顺境，你要随时做好接受挫折考验的心理准备；当你身处逆境之中时，不能认为自己是被生活遗弃的败者，你要知道这世上唯有自弃之人才会沦为人生的败者。

尤其是在面对突如其来的困厄时，你更要保持一种平衡的心态：之前你所经历的一帆风顺是正常的，这瞬间而至的困难艰苦更是正常的。一个人不会真正被上帝遗弃，更不会永远被上苍庇护，你要懂得人生于世，唯有自我坚持才会赢得成功的青睐。

❖战胜困厄,你还可以再进步❖

战胜困厄,需要有一种顽强坚韧的精神,勇于和困厄拼搏。这一点无须多言,在艰难困苦面前,要有一种勇往直前、敢于拼搏的精神,唯有拼搏才可进取。以坚强去守护信念,以坚韧去迎战困苦,才会拨得云开见月明。在生活中,困厄就如同人生道路上的一座座山峰,它们高耸而立,阻碍着我们前进的路途。但,只要我们翻越了这一座座山峰,便会不断地向前进步,便会有"会当凌绝顶,一览众山小"的感觉。

美国作家海伦·凯勒说:"虽然世界多苦难,但是苦难总是能战胜的。"海伦·凯勒,这个名字我们都不陌生吧?她的《假如给我三天光明》震撼着多少人的心灵!谁能够想象,一个盲、聋的残障女人在其成功的人生背后要经历多少难以想象的困厄?

海伦·凯勒,以优异的成绩毕业于美国哈佛大学拉德克里夫学院,成为世界知名的残障教育家、女作家、慈善家、社会活动家。在海伦·凯勒88年的人生之旅中,有87年的岁月是在无声、无光中度过的,可是她在一生中写出了14部闻名世界的作品集,并且为社会残障教育和慈善事业作出巨大贡献。你能想象她在求学之路上是如何学会英、德、法等多种语言、出色完成多文理等多个学科的学习任务的吗?你能想象她在人生发展中是如何突破种种障碍、走向精彩生活的吗?举两个最简单的例子,常人学习几何,能眼看着绘画来分析各种图形,即使如此,也经常对那些深奥的定理、公理理解不透彻。而海伦·凯勒看不见、听不到，完全借助自己和老师沙莉文手工制作的各种模型去学习这些深奥的定理，而她克服种种障碍，从最初的一直不及格，到最后几何一直考为全班的最高分，对于海伦所经历的困厄无须一一陈述，我们也能感受到那其中极度的坎坷与艰辛。

面对常人充满惊异的赞赏时，海伦·凯勒只是平静地说："这些在常人眼中极具挑战性的困厄，对我而言，的确存在着难以克服的障碍。但是，难以克服不等于不可克服，我相信这个世界没有不能克服的困难，并且每克服一个困难，我们就会在困难中再前进一步。其实，这人生之中的种种困厄，就是帮助我们铺筑成功之路的阶梯，只要我们勇敢地战胜困厄、走过一个又一个的障碍阶梯，我们最终会站在生活的高处。我一定要一步步跨过这些困厄之阻，只是因为我不想让自己的人生止步不前而已。"

海伦·凯勒的话，无疑给我们的人生渗透了一个哲理启示：人只有战胜困厄，才会再度前进。在我们的生活中，与海伦·凯勒相比，我们所经历的挫折、艰辛是多么的微不足道！那么，我们有什么理由在困难面前止步不前呢？就如海伦所言，困厄就如同促进我们前进的阶梯，在挫折与困苦面前，只要我们有勇气去战胜困厄，我们就会获得人生新的进步。

世界著名作家布莱克说："水果不仅需要阳光，也需要凉夜。寒冷的雨水能使其成熟。人的性格陶冶不仅需要欢乐，也需要考验和困难。"困难是人生的考验，是对我们的历练，"不经历风雨怎能见彩虹"，这简单易懂的道理便是对人生困厄最透彻的诠释，不经历人生风雨的历练，我们便无法获得新的飞跃和辉煌的发展。

总而言之，战胜困厄可以再进步，因为困厄可以锤炼一个人的意志，可以培养一个人的能力；困厄可以造就一个人的风度与气质，可以开拓一个人的视野与阅历；因为困厄之中隐匿着给予，困厄本身就是一座天梯，战胜困厄、征服困厄、超越困厄，就可以发掘出其艰辛背后所隐匿的甘甜，便可以跨越天梯，在人生之路中再向前跨进一步。

战胜困厄，需要一颗从容不迫的心，洞察客观处境。在困难面前，首先要做到处变不惊、临危不惧、风雨无阻，才可清晰地认清客观际遇，分析出造成困厄的原因，寻求到解决困难的方法。这要求人既要能宠辱不惊，更要能忍辱负重。

英国哲学家罗素说："遇到不幸的威胁时，认真而仔细地考虑一下，糟糕的情况可能是什么?正视这种不幸，找到充分的理由使自己相信，这毕竟不是那么可怕的灾难。"当陷入挫折所导致的困境中时，唯有冷静地思考，唯有顽强地忍耐，才可能依据并利用现实条件开拓出一条突破困境的途径。

战胜困厄，需要有一个坚定不移的信念，面对阻碍永不言弃。在困厄之中，人必须心怀希望，信念是促使人奋进拼搏的动力之源，是指引人勇往直前的导航目标，无论遇到怎样的挫折打击，只要信念犹存，便可拥有重辟天日的希望与力量。

法国著名作家马洛的儿童小说《苦儿流浪记》，讲述了一个小男孩战胜困厄之境、赢得美好生活的故事。这个小男孩名字叫做雷米，小时候与父母失散，被养父卖给了江湖艺人，后来他逃离了这个江湖艺人，历经磨难找到了自己的亲生父母，回到真正属于自己的家园。小雷米在每一次陷入困境之中时，都会鼓励自己说："我不能在这里结束自己的生命，我一定要找到我的爸爸妈妈，只要我勇敢地生活下去，我一定会回到爸爸妈妈的身边。"

小雷米在这种信念与信心的鼓舞下，最终战胜了困厄，留给我们的深刻启示便是：信念即为希望，是鼓舞人战胜困厄的能量源泉。

战胜困厄，需要有一种顽强坚韧的精神，勇于和困厄拼搏。这一点无须多言，在艰难困苦面前，人要有一种勇往直前、敢于拼搏的精神，唯有拼搏才可进取。以坚强去守护信念，以坚韧去迎战困苦，才会拨得云开见月明。

在生活中，困厄就如同人生道路上的一座座山峰，它们高耸而立，阻碍着我们前进的路途。但，只要我们翻越了这一座座山峰，便会不断地向前进步，便会有"会当凌绝顶，一览众山小"的感觉。

❖挑战自我，激发无限潜能❖

挑战自我、激发潜能，就要相信自身能量与潜力的无穷发掘性、相信“压力塑造人生”。有一句俗语说：“井没压力不出油，人没压力轻飘飘。”在压力面前以及感觉不可突破的障碍面前，一定要相信“我能行，我一定可以做到”。如果将人生比喻为爬楼梯，你在爬了几层之后，可能会感到疲惫不堪、一步走不动了，这时如果你咬咬牙、挺挺腰，就还可以再爬几层。

俗语说：“骏马是跑出来的，强兵是打出来的。”精彩人生，就是人不断地进行自我挑战的过程，人的潜能是可无限激发的，唯有自我挑战，才可不断激发自身潜能，不断完善、提高、历练自己，使自己一步步走向成功。一个人要相信，这个世界上没有天生的天才，只有后天而成的英才。而英才形成的过程，不是像神话与传说中的奇遇一样等待谁给你一本“武功秘籍”，或者等待谁给你一颗开启慧根的“灵丹妙药”，英才的形成是一个历练的过程。这个过程，就是一个人不断通过自我挑战进行自我完善、自我塑造的过程。只有经过这样一个过程，人才可能将自身的潜能无限激发，将自己的才智发挥到极致，从而开拓出属于自己的人生辉煌，获得属于自己的人生成功。

这个自我挑战、激发潜能的过程，会伴随着或多或少，甚或难以承受的困厄、磨难。有一句格言说：“失败者任其失败，成功者创造成功。”这句话充分告诉我们，一个真正拥有成功的人，是需要用自己的双手、自己的智慧、自己的才干、自己的勇气与毅力去打造成功的，如果在挫折、失败、困厄中自甘堕落、承认挫败，便永远也无法走近成功的耀眼光芒。而自我挑战精神，是人在困厄中坚持自我、奋勇直前的必备精神。有这样一个寓言故事。

有两只草虫在一棵草叶上休息，这时它们望见对面的一棵大树上长着一枚鲜红的果子。这个果子很大，红润而有光泽，看一眼便使得它们流出了口水。可是这枚果子长在对面那棵大树的树顶上，这棵树非常高，而其树干挺直光滑，像它们这样的草虫是很难爬到树顶上去的。其中一只草虫说："你看，那枚果子一定好吃极了，我们爬到树顶上去吃那枚红果子吧。"另一只草虫扭动一下肉呼呼的身体说："你不要白日做梦啦，我们根本不具备攀爬大树的基因，更何况那棵树这样高，不等吃到果子，我们两个恐怕早就累死了。"可是第一只草虫不以为然地说："我们认为自己不能爬上大树，那是因为我们从来都没有尝试过。我不想只做每天都在草叶上爬来爬去的虫子，我也要爬到大树上去看远处的风光、吃新鲜的果子。我相信，只要我坚持一点点地向上爬，总会爬到树顶上去的。"于是，这只草虫离开了草地，向大树爬去。因为体能有限，它每爬一段距离就会感到体力不支，好几次都差点从树上摔下来。可是，这只小小的草虫一直没有放弃，它爬累了，就停在树干上休息一会。就这样，它停停歇歇地向上爬，两天以后，它明显感到自己体力大增，每次休息的间隔时间越来越长了。第三天晚上，这只草虫成功地爬到了树顶，吃到了这枚鲜美的红果子，并看到了远处的好风光。从此，这只草虫改变了自己只能生活在草地中的命运，成为一只可以像大毛毛虫一样在大树顶端生活的虫子。而另一只草虫一生都寄居在草叶之上，羡慕着它的同伴的"壮举"。

在这个寓言故事中，一只小小的草虫不相信天生能力的局限，勇于进行自我挑战、自我超越，坚信潜能的可塑性与可激发性，最终培养了自己不同寻常的攀爬能力，实现了自己的人生梦想。生活之中，我们就如同这两只草虫，如果我们不想像那只胆怯的草虫一样，成为止步不前、没有成功突破的困守者，那就勇敢地进行自我挑战、激发潜能、开拓成功吧！

挑战自我、激发潜能，就要敢于冒险，勇于进取开拓。这首先需要有一种超强的自信心理与一种顽强拼搏的毅力。同时，我们必须要清醒地认知一个问题，就是敢于冒险而不是盲目冒进，这里所说的冒险是要求我们在机遇到来时，以十足的自信心去把握机遇；在困难发生时，以坚毅的魄力去挑战困难；千万不可在机遇面前左顾右盼、缩手缩脚，更不可在困难面前望而却步。一言以蔽之，挑战自我、冒险前进，就是要尽可能地为自己争取成功的机会与条件。就像前面所讲述到的那只草虫，如果它在看到红果子的时候，和同伴一样因顾虑重重而畏缩不前，在奋进的过程中因为困难阻碍而选择放弃，最终它还能成就自己的"辉煌壮举"吗？

挑战自我、激发潜能，就要在前进的基础上再前进一步。在人生前进的道路上，不要因为一时的进步与成功骄傲自满或故步自封，更不要以为这就是你所能达到的极限，你要相信你的人生中"只有更好，没有最好"，你今天能够翻越一座岭，明天还可以翻越一座山，在翻越一座山之后，你还可以继续翻越一座座更高的山峰。当你站在更高的山峰上回首时，你便会发现你之前翻越过的那座岭是多么的矮小，你就会庆幸当时你没有因为翻越一座岭的喜悦而满足、止步。你会发现，人生之巅中永远没有"珠穆朗玛峰"，有的只是越行越远的前行者的脚步。

世界重量级冠军詹姆士·柯比说："你要再战一个回合才能胜利。碰上困难时，你要再战一个回合；战胜一局时，你还要再战上一个回合。"人的一生就像走楼梯一样，每一个阶梯的跨越只是给你提供一个暂时的休息，以帮助你迈向更高的一层。如果你站在最初的几级阶梯面前便沾沾自喜，那么你永远也无法爬到楼顶。

挑战自我、激发潜能，就要相信自身能量与潜力的无穷发掘性、相信"压力塑造人生"。有一句俗语说："井没压力不出油，人没压力轻飘飘。"在压力面前、在感觉不可突破的障碍面前，你一定要相信"我能行，我一定可以做到"。如果仍然将人生比喻为爬楼梯，你在爬了几层之后，可能会感到疲惫不堪、一步走不动了，可是这时如果你咬咬牙、挺挺腰，就还可以再爬几层。歌德曾经说："人的潜能就像一种强大的动力，有时候它爆发出来的能量，会让所有的人大吃一惊。"

❖直面困厄,逃避是弱者的行为❖

人生路上,困厄无处不在,只有勇于面对困厄、坚强奋进的人,才能去开启成功的大门。因而,我们一定要记住:在困厄面前,畏缩逃避是怯懦者的行为;真正的成大事者,必须具有直面困厄的信心、毅力、勇气!

有一句哲言说:“海浪为劈风斩浪的航船践行,为随波逐流的轻舟送葬。”当人生经历狂风暴雨,遭遇激流险滩阻碍航程之时,如果我们能够乘风破浪、勇往直前,定能“直挂云帆济沧海”;如果我们畏惧风暴、恐惧艰险,等待我们的一定是被风浪吞噬、断送前程。在人生旅途中,当困厄发生,唯有勇者才可突破困境、开创新生;畏缩逃避的弱者,将永远沉浸于困厄所酿造的痛苦中,无法走出低谷深渊,更无法实现梦想、获得成功。

《启迪》中曾讲述过这样一个哲理故事。有一群人经常到深山中去打猎,一天,一个人不小心掉进了山中的一个深洞里。这个人的右手和双脚都摔断了,唯一可以灵活运用的就只剩下一只左手。这个洞非常深,就算一个手脚健全的人都很难从里面爬上来。刚开始,这个人想:“老天呀,难道这就是我的命运吗?我现在手脚都不能动,根本就不可能爬上去,我走的这条路也没有人经过,看来,我真的要被困死在这里了。”这样想着,他便连呼救都不喊叫了,老老实实地躺在山洞里等待死神的降临。

可是,就在他已经陷入昏迷的时候,他忽然想起了家人,他想:“哎呀,如果我就这样死去了，我的妻子找不到我，她该有多么的伤心呀！以后，她年纪轻轻的，一个女人带着小儿子，该怎样生活啊！还有，我的老母亲怎么办，谁去赚钱给她治病，谁来养活我的一家人呢？”想到这里，这个男人突然觉得自己不能死去，一定要想办法从这个山洞里面出去。他立即坐起来，用左手在周围拔了一些野草吃，一边吃一边想：“对呀，我的右手和双脚不能动了，可是我的左手和嘴巴还可以动啊，我可以凭借我的嘴巴叼着草和树枝爬出去。”于是，在补充好体力之后，他便用左手拽住树根，把藤条放进嘴里，用嘴咬住树藤之后，再松开左手去抓住更高一些的树藤，然后再用嘴巴咬住这些树藤，向高处再前进“一步”。就这样，他一点点艰难地向前移动着，终于爬出了山洞。

当这个男人满嘴鲜血回到家里的时候，一下抱住诧异地望着自己的妻子说：“亲爱的，这两天害你担心了吧，我差一点就再也见不到你们了！经过这一遭，现在我终于知道，这个世界上根本不存在什么不可攻克的难关与困厄，只要我们有一颗勇敢的心，我们一定会创造出属于自己的奇迹的！”

在这个故事中，这个坠落山洞的人，面对困境时，前后的两种不同的态度决定了他的生死。如果在山洞中，他一直保持最初的消极状态，对自己所处的困境逃避、妥协，那么等待他的一定是死神的“大驾光临”；幸而，这个人转变了想法，积极主动地向困境挑战，最终成功地突破了困境，获得了新生。

如果将我们人生道路上的一切艰难险阻比喻成这个山洞，那么身陷困厄的我们就如同这个被困于山洞中的人一样，是否能够突破阻碍、获得成功，关键在于我们是否能够直面困厄、坚韧拼搏、奋勇前进。

在这里，我们一起来阅读一个关于著名生物学家童第周的小故事。童第周是闻名于世的卓越的生物学家、教育学家，曾任中国科学院的副院长。他发现了胚胎科学、培育了最新品种的文昌鱼、建树了鱼类胚胎研究的新理论，为社会生物学发展作出了巨大贡献。就是这样一个充满传奇色彩的成功人物，却在人生经历中，差一点与这些辉煌成就失之交臂。这件事的起因要从童第周的求学之路说起。

童第周，出生于浙江鄞县乡村的一个贫苦家庭。从小因为家里贫穷上不起学，只好在家里自学。童第周小时候，一面帮着家里干农活，一面跟着父亲读书认字，他靠着自己的聪明与勤奋学习了很多知识。一直到童第周17岁，浙江省一所重点中学，宁波效实中学要招收插班生，但录取成绩特别高，而且只招收中学三年级的插班生。童第周知道这个消息后，努力拼搏了一个暑假，然后去参加宁波效实中学的招生考试，结果考试竟然合格，被宁波效实中学录取了。童第周成为整个浙江省唯一一个从未上过一天学，却考入重点中学插班年级的学生。

但是，毕竟童第周是一个从未上过学的农村孩子，学校课堂上的很多功课内容是他从未接触过的，使他学习起来很吃力。第一学期，童第周期末考试的总平均成绩只有45分，尤其是英语考试成绩更为糟糕，只有20多分。因为成绩不及格，童第周被学校勒令退学。当时这个结果对于童第周来说，无异于是晴天霹雳。当时他真的以为自己的求学梦就此破碎了，可是就在他收拾好行李准备离开宁波效实中学时，脑子里突然闪过一个念头："不行，我要再试一试，我就不相信自己不能突破这一阻碍！"于是，他放下行李来到了校长办公室。童第周流着眼泪请求校长再给自己一次机会，并承诺说："如果下个学期我的成绩仍然不合格，我会自动退学。"就这样，学校又给了童第周一次留校考察的机会。从这天起，每天天不亮，童第周就会到校园的路灯下面读外语；晚上同学们都休息了，他仍然站在操场的路灯下补习功课。当夜里路灯熄灭之后，童第周就躲到厕所外的灯下学习。当时，童第周的刻苦精神感动了很多老师和同学。第二学期，童第周的期末平均成绩达到70分，其中几何100分，英语60多分。

在回忆起这段往事的时候，童第周说："当时的处境对于我来说，确实苦难重重，尤其在接到学校勒令退学的通知后，我真的以为这一困厄是对我命运的宣判，我无力改变。但我立即想到，如果连这一点困难我都没有勇气去战胜，又如何去谈人生理想呢？在我以后的科研试验中，每当我遇到困难与阻力，我都会想起这件退学事件，便会以此鼓舞自己去战胜困难。"

童第周的一番话，给我们深刻的启迪：人生路上，困厄无处不在，只有勇于面对困厄、坚强奋进的人，才有可能去开启成功的门扉。因而，我们一定要记住：在困厄面前，畏缩逃避是怯懦者的行为；真正的成大事者，必须具有直面困厄的信心、毅力、勇气！

没有什么不可能，只是没找对方法

尝试才能使幻想一步步走向现实，只有在任何状况下都敢于尝试的人，才有可能一步步接近成功。相信这个世界上没有什么不可能，你必须在各种困境中勇于探索。探索是一个不断寻求、不断发现的过程，更是一个坚韧拼搏的过程；探索需要信心、智慧、胆识，更需要勇气、毅力。唯有在重重困厄中勇于探索的人，才会找到通向罗马的条条大路。

胡适有一句名言说："大胆假设，小心求证。"留给人们的哲理思考就是：打开禁锢思维的定势与禁锢，大胆尝试、探索创新，在尝试与探索中寻求解决问题、实现目标的方法与途径。正所谓"世上无难事，只怕有心人"，无论遇到多么大的困难与阻碍，无论经历过多少次挫折与失败，你都要相信：没有什么事情是不可能做到的，只要坚持不懈、寻求探索，不断积累经验、尝试新方法，就一定会找到实现目标理想的途径。正如华罗庚的名言所讲："困难也是如此，面对悬崖峭壁，一百年也看不出一条缝来，但用斧凿，能进一寸进一寸，能得进一尺进一尺，不断积累，飞跃必来，突破随之。"

《伊索寓言》中有一个小鳄鱼探索新生的哲理故事。在一个水塘中，生活着一群鳄鱼，它们早已习惯了水塘的宁静与祥和，过着非常舒适的日子。可是，这一年夏天，天气大旱，每天都是烈日炎炎，水塘中的河水明显地在一天天地减少。面对这种情形，大家都非常忧虑，担心有一天水被蒸发干，大家无法再生存下去。这一群鳄鱼也梦想着如果自己可以游到一片新的水域多好啊！可因为它们祖祖辈辈都是生活在这个水塘中，虽然知道在遥远的地方会有新的水域，但它们认为自己是不可能长途跋涉，突破风险去寻找到新的水域的，所以这一群鳄鱼就每天都在水塘中哀叹，并且每天都在祈祷上天降雨。

这一天，一只小鳄鱼说："我很小的时候爷爷对我讲过，在一个遥远的地方，有一个比这个水塘还要大几十倍的河塘，我们在这里等待无法预知的未来，不如去寻找那个大水塘吧。"这时，鳄鱼群的长辈们说："小孩子，你真是天真啊！去寻找大水塘，这怎么可能做到呢？我们都不知道它在哪个方向，也许我们还没有见到大水塘是什么样，就早已在无法预知的迁徙中死去了。我们只有在这里等，也许有一天干旱就会结束了；如果干旱一直持续，那这便是上苍对我们命运的宣判结局。"小鳄鱼听了长辈们的话，坚持说："四面八方，总有一个方向是大水塘存在的地方，一个方向走不对，我可以继续走第二个方向，我相信：只要我找对了方向，就一定可以找到大水塘。"说完，小鳄鱼就头也不回地出发了。

后来，旱情愈加严重，水渐渐被蒸发干了，这个水塘中的鳄鱼家族全部灭亡了。唯有那只寻求新生的小鳄鱼，在经历了迷途、艰险等风险之后，终于寻找到了通往大水塘的正确路径，到达了新的大水塘，开始了自己的新生活。

在这个故事中，如果小鳄鱼在最初的抉择中像其他大鳄鱼一样先使自己的希望破灭，那么它还有机会寻得一片新的天地吗？如果小鳄鱼在出发之后的迷途与艰险中放弃希望，那么它又怎能获得最终的成功呢？小鳄鱼的言语与行动告诉我们：成功的路径一定会存在于某一个方向的，我们失败了，只是我们找错了方向；如果我们继续去努力，终究会找到通向成功的正确方向。因而，当我们在为理想奋斗的路途上受到阻碍时，一定要坚信：没有什么是不可能的，只是我还没有找对方法。

相信这个世界没有什么不可能，首先你要敢于"幻想"。

也许有些时候，当你在幻想一些辉煌成功的时候，会在充分享受"幻想"所带来的喜悦与满足之后，无奈地摇摇头对自己说："哎，不要白日做梦啦！就凭我的本事，这伟大的理想根本就是天方夜谭！"那么，请问：爱迪生在发明电灯之前，有多少人认为电灯是一种可能的存在呢?贝多芬在失聪之后,有多少人认为他还能够继续成就自己辉煌的音乐梦想呢?哥伦布在寻找到新大陆之前,有多少人会认为新大陆真的存在呢?如果这些人在当时的情况下,首先因为困境和自身条件的限制而否定了自己的理想,那么,他们还有机会获得人生的成功吗?

所以,请相信,敢于"幻想"的人才有实现"幻想"的可能。但理想不是用来以"幻想"的形式来进行自我精神安慰的,而是我们人生奋斗之路的灯塔,它指引我们克服万难,向着最终的成功奋进。

相信这个世界上没有什么不可能,而后你要敢于"尝试"。

当你的人生因"幻想"而拥有某种愿望或梦想的时候,请你一定要大胆地去尝试,因为"实践是检验真理的唯一标准",只有经过尝试,你才会知道哪一种方法是正确的,哪一种方式是错误的。当你在对与错的认知中越来越明确时,你便已在一步步地接近成功了。这就如同科学家的实验过程,如果他们没有经过千万次的尝试,没有在这千万次的尝试中一遍遍地纠正误差,怎么可能最终创造出那么多伟大的发明呢?

因此,请记住,尝试才能使幻想一步步走向现实,只有在任何状况下都敢于尝试的人,才有可能一步步接近成功。

相信这个世界上没有什么不可能,我们必须要在各种困境中勇于探索。

实现梦想的路途不会是一帆风顺的,当种种困厄阻碍前途时,你要像创造新生活的小鳄鱼一样,勇于探索,才会找到正确的通往成功的路径。我们知道输血这一医疗措施在现代医学中发挥着极为重要的作用,但是,为了发明这样一种医疗方式,人类曾付出过许多艰辛的努力与巨大的代价。西方医生曾以羊血输入人体,以改变人类性格,结果使输血者在极度的痛苦中死去,从而,医学界知道输血必须要以同类的鲜血作为选择;而后,医学界又经历了许多因血型不符而导致被输血者死亡的悲剧,最后,医学界才探索出了以血型相符者相互输血的科学方法。在人类医学界在一次次的失败中,如果认为"输血"这样一种理想是不可能实现的,因而选择放弃,那么现代医学还会获得今天的重大发展吗?

因而,请明确,探索是一个不断寻求、不断发现的过程,更是一个坚韧拼搏的过程；探索需要信心、智慧、胆识，更需要勇气、毅力。唯有在重重困厄中勇于探索的人，才会找到通向罗马的条条大路。

❖大丈夫，就得能屈能伸❖

能屈能伸，就要做到：忍辱负重、忍气吞声、忍痛蛰伏。在困厄之中，以忍耐应万变、以忍耐伺时机、以忍耐谋上进。正所谓，大丈夫能屈能伸，方能成就伟业。从古至今，凡成大事者，都必备一种能屈能伸的坚韧精神，都能在所处困境中表现出一种超强的隐忍力。

在古书《易·系辞下》中说："尺蠖之屈，以求信也；龙蛇之蛰，以存身也。"意思就是说：尺蠖，将身子一屈一伸地向前移动，是为了向前前进；龙蛇将身子团缩起来蛰伏，是为了更好地容身、生存。这句话，启示给后人的哲理便是：人，要谋求生存发展，就要懂得能屈能伸之道。能屈能伸，就是指人在困厄之中、失意之时能够忍耐，以暂时的忍耐等待时机、磨砺自己，以寻求新的发展机会，从而开拓自己的事业、实现自己的理想。

能屈能伸，是人谋事之道、成事之则。经常观看《动物世界》的人都会发现一个有趣的现象，就是企鹅在上岸之前，不是直接跳上岸边，而是先将自己的身体扎入海中。企鹅为什么要这样做呢?这是因为，企鹅需要借助海水的浮力上岸，它在海水中扎得越深，那么海水所产生的浮力将会越大，这样企鹅就可以凭借海水所产生的浮力漂上岸去。可见，企鹅是在以一种以退求进的方式为自己积蓄力量。人，在困境之中时的能屈能伸，就如同企鹅在上岸之前的潜水一样，是在为自己积蓄力量、寻求机会的一个过程。

一个人如果没有这个自我整合的过程，就会在困厄之中一味地烦躁、焦虑，以及钻牛角尖的倔强，就只会使自己陷入更深的痛苦，甚至导致恶性结果的发生。此时，人的情绪与思想，就如同一根弹簧，如果此时你一味地去拉这根弹簧，那么弹力到达极限时，这根弹簧一定会绷断；只有你先松开手，让这根弹簧缩回原始状态，你才可以再度将其拉长。弹簧在极限之时，需要一个恢复能力的过程；人在条件限制、时机不对、遇到发展阻碍之时，同样需要一个自我调整、自我完善的过程。有这样一则寓言故事。

一只喜鹊特别善于筑巢建窝，而且对自己的建筑技巧非常骄傲。它总是为自己漂亮、温暖、舒适的“大房子”而感到自豪万分，对麻雀等鸟类的茅草之窝鄙夷至极。可是有一天夜里，一场特大风暴突兀而至，将这只喜鹊所栖居的大树连根拔倒，它引以为傲的“大房子”也摔个粉碎。看到喜鹊失去了家，在寒风中悲伤、战栗，一只麻雀便想帮助这只喜鹊渡过难关。于是，这只麻雀邀请喜鹊去和自己一起住。麻雀对喜鹊说：“亲爱的喜鹊，你不要悲伤了，请你一起和我来住这家农夫的草垛吧。等你建好了新房子，你再搬回去。”可是，喜鹊却嫌弃麻雀的草垛肮脏、丑陋，而且觉得自己这样一个建房巧匠，去和一只麻雀住这样的破草垛太有失身份了。于是这只喜鹊不屑一顾地回答说：“我不需要你的同情和怜悯，我会在最短的时间内再筑造一所新房子的。”可是因为这些天气温骤降，喜鹊的房子还没有建筑到一半，就冻死在寒风中了。

试想，如果这只喜鹊当时能够抛掉高傲，忍受一下不如意的困境，接受麻雀的好意，那么它最终还会冻死吗？

人要在关键时刻做到能屈能伸，其唯一的方法就是“忍”。一个简单的“忍”字涵盖的是一种非常重要的人生哲理。“忍”是心字头上一把刀，可见忍就要容忍一切常人所不能忍受之痛，这痛包括自身所感受到的悲伤、痛楚，也包括外界所投射的压力、议论，乃至屈辱。

简而言之，能屈能伸，就要做到：忍辱负重、忍气吞声、忍痛蛰伏。在困厄之中，以忍耐应万变、以忍耐伺时机、以忍耐谋上进。正所谓，大丈夫能屈能伸，方能成就伟业。从古至今，凡成大事者，都必备一种能屈能伸的坚韧精神，都能在所处困境中表现出一种超强的隐忍力。

例如，韩信当年能够忍受胯下之辱，日后才成就了将军大业；越王勾践卧薪尝胆20余载，才终得重振朝纲之机；司马迁承受数十载宫刑之痛苦，才使得历史上留下一部绮丽的瑰宝——《史记》。而刘备当年因不能忍受失去关羽之痛，一意孤行，大举发兵讨吴，招致兵败，一世功绩终成“白帝城托孤”之憾；项羽在“四面楚歌”之时不能承受一时之败，自刎江边，终使霸业成空。纵观历史，类似的例子举不胜举。再看现代社会，无论在哪个领域，成就人生辉煌、实现人生理想的成功人士，无一不具备能屈能伸之忍。

多年以前，有一个年轻人，一心想要成为一个电影明星。可是这个年轻人贫困潦倒，连买一身西服的钱都没有，因而所有导演都对其嗤之以鼻，很多人都笑他痴心妄想。可是这个年轻人并没有因为他人的嘲笑和自身的困境而气馁。他的拜访求职在一次次地遭遇失败之后，回到家中仔细地思考了一个月。他花费半年时间为自己量身定做了一部剧本和推荐简历。他带着自己的剧本和简历去好莱坞的500家电影公司走访，进行自我推荐。第一轮下来，全部失败；于是他开始第二遍走访，第二轮下来，又一次全部失败。这个年轻人回到家中，继续潜心钻研，修改剧本，并练习自演。一段时间之后，他开始第三轮走访，并在自我推荐中加入了一个自我表演的应试情节。当他在第三轮走访中，走访到第350家公司的时候，终于有了第一家公司留下了他的剧本。几天后，这家公司通知他去参加拍摄，请他出任这部电影的男主角。

这部电影就是《洛奇》，这个年轻人就是世界著名电影明星史泰龙。史泰龙说：“当时自荐失败和他人的讽刺，确实给了我很大的打击。我曾想再不提及这个明星梦，老老实实地去做一名工人好了。可是，我又一想，如果连这一点挫折我都不能忍受，还怎么去做明星呢？于是，我停止了自荐，开始了反思和创作，并在此期间外出打工，攒了一笔钱给自己买了一套西装。当时很多人都以为我已经放弃明星梦了，可事实上，我是要给自己一个潜伏期，为了实现我的梦想而做好更充分的准备。”

史泰龙的梦想之路几经受阻碍，如果他在受人嘲笑之时失去信心，在几经失败之后放弃理想，他还会成就日后的辉煌吗?史泰龙凭借着一种超强的能屈能伸的毅力和忍耐力，几经蛰伏，才最终实现了自己的人生梦想。

能屈能伸，是一种大智慧，在困境之中给自己一个潜伏期，以退求进，是成功者所必备的一种坚韧精神。

第4辑

面对强者，要有“难酬蹈海亦英雄”的自信心态

在我们的生活和事业当中，遇到强者是不能避免的事情，没有一个人敢断言自己在某一个领域内是最强大的。不同的人在面对强者时的表现会差别很大，有的人在面对比自己强大的人时，会不由自主地自卑，觉得和人家比起来，自己就像是一只可有可无的蚂蚁；有的人在面对强者的时候，却是一副谄媚的嘴脸，想方设法拍马屁，想从强者的身上得到一些什么回报。其实这两种人都是一种自卑的心态，不自信，才会有那种表现。面对强者，只要抱有“难酬蹈海亦英雄”的自信心态，不甘于眼前的平凡，鞭策自己，有朝一日就一定能成为强者。

❖地位卑微就得时刻准备着❖

当我们自己的地位还处于非常卑微、非常尴尬的时候，千万不要自暴自弃，更不能自欺欺人，用所谓的阿Q精神来麻痹自己，安于现状是懦夫才做的事情。“王侯将相宁有种乎”？出生只是决定了我们的起点，并不意味着我们的全部，所以，地位的卑微，不仅不能限制我们的拼搏，反而可以转化为我们积极向上的动力，转化为我们想要改变的精神源泉。时刻准备着，为了这种改变不断地积蓄力量，这才是理智的做法，要坚信，没有什么是不可能的！

在生活中，我们看到了有许多地位卑微的人，后来跻身于所谓的上流社会，在某个领域甚至成为了所有人都尊敬的对象。由此可见，人的地位并不是一成不变的，也不是生生世世一代又一代地延续下去的。那么，那些曾经地位卑微的人是靠着什么成功的呢?通过对一些摆脱卑微地位的人的研究和分析，发现他们都具有一个共同点，那就是：他们想改变这种卑微的地位，并时刻为这种改变积蓄着力量，时刻准备着迎接任何一次改变的机会。

工欲善其事，必先利其器；没有相应的基础和准备，即使机会来到了我们的眼前，我们也抓不住它。特别是对我们这些地位卑微的人来说，没有关系、没有金钱，唯有我们自身付出努力，每时每刻地准备，为了改变这种卑微的命运，我们需要有强大的实力做后盾。

北宋大文学家范仲淹，出生在江苏吴县，他的父亲范墉曾经做过军中的掌书记，换成现代的说法，也就是军事长官身边的秘书，身份不算多么高贵，但比之一般的平头老百姓，还是要强上不少的。但是，好景不长，在范仲淹出生的第二年，范墉就因疾病而去世了。家里一下子少了顶梁柱，难以维持下去了，范仲淹的母亲没有办法，只得抱着还在襁褓中的他改嫁了。范仲淹自此来到了现在的山东省邹平县附近生活，连名字也改成了朱说，跟了继父的姓。

范仲淹小时候非常懂事，刻苦读书，为了能够更好地用功，他就寄宿在附近山上的一座寺庙里，不分早晚，一刻也不停地诵读经书。他的这种勤奋和执著，让寺中的和尚非常的敬佩，小小年纪就知道如此用功，将来一定有所成就。那个时候，范仲淹家中非常的清贫，所以他在寺中的生活也异常的艰苦，每天只能喝稀饭、吃野菜。但是这种苦日子，非但没能让范仲淹放弃和消沉，反而使他更加地努力起来，把全部的精力都放在了书本当中。也就这样过了差不多3年的时间，身边仅有的这些书籍，已经被范仲淹读得很熟了，这些书再也不能满足范仲淹的求知欲了。后来，他在不经意间发现了自己的身世，原来自己是苏州范家的孩子，这些年来，一直靠着继父的关照和抚养生活。这件事情让范仲淹很受刺激，身世凄苦，地位地下卑微，所以他觉得很羞愧，决心离开朱家，在外面自立门户，等到将来自己能够改变这种身份的卑微，再来把母亲接走。于是范仲淹不顾母亲的的阻拦和继父的挽留，毅然辞别继父和母亲，告别了一直生活的朱家，孤身一人，踏上了改变地位的征途。

离开朱家后，范仲淹来到了现在的河南商丘县，就读于当时四大书院之一的应天府书院。范仲淹十分珍惜这个机会，在应天府书院刻苦地日夜攻读。有一次，皇帝到南京视察，大家都争相去一望龙颜，只有范仲淹一个人把自己关在屋子里面继续读书。有一个同学，很好奇地问他，为什么对这种一睹龙颜的难得机会都不上心？范仲淹回答："以后相见，也不算晚！"可见范仲淹想要改变自己的卑微地位，为此，他时刻都准备着。有时候，别的同学见范仲淹生活的艰难，每次吃的饭都是稀粥，常常会送他一些好吃的东西，但范仲淹一口也不吃，说自己已经过惯喝粥的日子了，一旦自己现在吃起了美食，害怕自己以后就吃不了苦了。就这样，不管春夏秋冬，也不计较粗茶淡饭，没过几年，范仲淹就把儒家的经典《诗经》、《尚书》、《春秋》等都了然于胸了。

功夫不负有心人，在范仲淹的不懈努力之下，终于考中了进士。参加御试的时候，他也终于见到了皇帝，后来还和皇帝一起吃了饭。不久，年仅27岁的范仲淹，被任命为从九品的长官，开始了他的政治生涯。他也如愿把母亲接到了身边赡养，并正式恢复了范姓，改名仲淹，字希文。原本地位卑微的范仲淹，靠着自己从小就时刻准备的精神和毅力，改变了自己的人生。

从范仲淹的人生经历中我们可以看出，时刻为了改变卑微地位而准备的意识，是多么的重要！我们可以假设一下，如果没有那种刻苦的努力，如果没有那种执著的精神，如果没有那种远大的志向，那么，也许就不会有后来的那个大文学家、大政治家范仲淹了！

所以，当我们自己的地位还处于非常卑微、非常尴尬的时候，千万不要自暴自弃，更不能自欺欺人，用所谓的阿Q精神来麻痹自己，安于现状是懦夫才做的事情。"王侯将相宁有种乎"？出生只是决定了我们的起点，并不意味着我们的全部，所以，地位的卑微，不仅不能限制我们的拼搏，反而可以转化为我们积极向上的动力，转化为我们想要改变的精神源泉。时刻准备着，为了这种改变不断地积蓄力量，这才是理智的做法，要坚信，没有什么是不可能的！

❖强者是一种压力,更是一种动力❖

假如我们像一个弱者一样,跟在强者的身边,却一丁点有益的东西也没有学会,那么,等待我们的,也许是失败。要想改变身份的卑微,就要勇敢地改变现在的处境,勇敢地向强者看齐,找到同他们之间的差距,感受到这种差距带来的压力,最后把压力转化为不断向上的动力,努力地让自己也成为一个强者,这就是摆在我们面前的最好的出路。

强者是一种压力,更是一种动力。我们中的许多人,在面对强者的时候,一般会深深惊叹于那种精神上的霸气,那种物质上的富有,再联系到自己的现状,从而感叹自己是多么的渺小,和那些强者相比,自己连一个蚂蚁也不如!这种想法也许是人之常情,人在面对强者的时候,都会生发出一种发自内心的震撼,因为那种高度,有可能是自己一生都不可能企及的,甚至是之前连想都不敢想的。但是,不想当将军的士兵不是一个好士兵,不管我们处于哪个行业,不想成为一个强者,也算不上是一个有理想的人。

强者是一种压力,更是一种动力,他们能够让我们更加清醒地认清我们现在所处的地位,认清自己的差距,这时候我们就会有压力,这是很自然的事情。关键在于,我们应该怎么把这种压力变成动力呢?

首先,我们应该庆幸,我们遇到了一个强者。有句话说得好:“近朱者赤,近墨者黑。”当我们面对一个强者的时候，我们也能够从他的身上学习到很多的知识和经验，这些都是在平时我们所接触不到的宝贵的财富。在强者身边，我们能把自己变得更加强大，所以我们要利用好这个资源，只有这样，我们才能有更多的收获。

其次，我们要有勇气，学习强者的那种敢为人先的开创精神。强者之所以能够成为强者，就在于他能够走别人不敢走的路，做别人想不到的事，这不仅仅需要智慧和经验，还需要勇气。

再者，我们要把面前的强者当成自己的一面镜子，把他的一言一行都记在心里，以此作为我们自己今后行为的准则。学习强者，不仅仅学习他们外在的言行，还要学会他们的那种精神气质，那种行事的风格。

记得看过这么一个故事，很能说明强者和弱者的区别。

有一条叫做苦难的河，河面异常宽广，而常年风高浪急，深不可测。河的北岸，是一望无际的贫瘠土地，放眼望去，只有一座草屋孤零零地立着。草屋里生活着一对兄弟，他们的父母早已亡故了，哥哥叫强者，由于常年和虎狼搏斗，伐木打猎，使得他身体非常健壮；弟弟叫弱者，生的面黄肌瘦，身体羸弱不堪，他生性胆小怕事，而且好逸恶劳。在这条河的南岸，则有一座名叫安乐的城市，人们生活得都很幸福。

弱者蹲在家门口，战战兢兢地看着那条浊浪滚滚的大河，等待着出门打猎的哥哥回家。强者从后面走近弟弟，轻轻地拍了一下他的头，弱者吓得浑身一哆嗦，开口道：“哥，你回来了啊?”强者看着眼前瘦弱的弟弟，对他说：“咱们的对岸，有一个城市，那里的人们都活得非常安逸，只要我们造一条船，渡过这条河，就能到那个城市里面生活去了，再也不用在这里受苦了。”弟弟拍手道：“好好，那咱们赶紧去砍树，造一条船过河吧。”哥哥就进屋拿出来两把斧子，递给弱者一把。弱者刚刚要接过来，马上又把手缩了回去，小声说：“我不敢去砍树，树林里面有好多吃人的野兽，还有毒蛇。”说完就赶紧跑进了草屋，趴在床上不出来了。强者叹了口气，一个人走进了树林，找到一颗大树，砍了整整一天，然后把它一点点地拖回了草屋。弱者看到强者拖回来的大树，高兴地说：“哥哥，咱们终于要过上好日子了!”强者也很高兴，叫弱者帮着整理一下树枝。弱者说：“好。”就抡起斧子砍起来了，刚刚抡了几下，就喘着粗气

“哎哟、哎哟”地叫唤起来了，弱者就丢掉了斧子，对强者说：“我不干了。”强者看着弟弟无奈地说：“那你到一边休息去吧，我自己干。”说完话，就风风火火地砍起树枝造起船来。弱者躲在一边，看着纷飞的木屑打在强者的脸上，吓得赶紧捂住了眼睛，连看也不敢看一眼。

强者挥汗如雨，一天的时间慢慢地过去了，一条小船也造好了。强者对弱者说：“我们终于可以到对岸去了。”第二天一早，他们上了船，强者让弱者坐好，自己摇着双桨，用力地摇了起来。船刚刚离开岸边，一个大浪就“啪”地一声打在小船上，弱者吓得整张脸都绿了，闭着眼大声地喊着：“船要翻了，船要翻了！我不去了，我要回家……”强者安慰弱者：“弟弟别怕，没事的。”弱者一下子哭嚎起来，冲着强者大吼：“你这混蛋，想要淹死我啊，快送我回岸边，我不去了。”看到弱者这个样子，强者没办法，只好把他送了回去。弱者哆哆嗦嗦地上了岸，对强者说：“别去了，咱们在这边不是也生活得很好吗?”强者站在岸边看着对岸的安逸城，回头对弟弟说：“人生不能总是退缩，如果总是这么退宿，那就会一辈子也成不了什么大事情。如果这一次，我不拼一拼的话，我会后悔一辈子的。”弱者低着头，懦弱地嘟囔了几句。强者又上了岸，给弟弟准备了足够吃一个月的食物，叫他保重自己，对他说等到了那边，我富有了，一定造一条更大的船回来接你。强者登上了小船，奋力地划向了对岸。

经过了无数的风浪，强者终于到了对岸，又经过几年的打拼，拥有了自己的家园，强者终于富有了起来。后来，他就造了一艘大船，到北岸接弱者。但是让他没想到的是，弱者在吃完那些准备好的食物后，由于不敢出门找吃的，在强者出发不久之后就饿死了。

假如我们像这个弱者一样，跟在强者的身边，却一丁点儿有益的东西也没有学会，那么，等待我们的，也许也是失败。要想改变身份的卑微，就要勇敢地改变现在的处境，勇敢地向强者看齐，找到同他们之间的差距，感受到这种差距带来的压力，最后把压力转化为不断向上的动力，努力地让自己也成为一个强者，这就是摆在我们面前的最好的出路。

❖将弱势化做一种提升的潜力❖

弱势并不可怕,可怕的是看不到弱势可以转化成潜力的这一面,整日消沉,整日埋怨,以至于毁掉了自己的人生。在强者的面前,千万不要对自己的弱势耿耿于怀,要知道,事物都是两面的,在不同的环境和背景下,弱势也可以变成发展的潜力。

一谈到弱势,通常是跟强势者相比较得出来的。在强大的人面前,弱小的一方,也就显得非常的渺小,力量微不足道,心理也脆弱得很,不管从哪个方面看,相对于强者,弱小的一方,身上的不足就会被无限地放大。

其实,所谓的弱势,也就是力量弱小的意思,放在一个人身上,就是指这个人身上的短处、缺点甚至缺陷,这些统统可以理解成这个人的弱势。一般意义上,这种弱势会让一个人的发展变得困难重重,但是,只要我们换个角度、换一种心态,或者换一个行业,那么这种弱势就有可能被个人转换成一种成为强者的潜力。

将弱势转化成一种提升的潜力,要首先弄明白,所谓的弱势,每个人都有,不仅仅出现在弱者的身上,强者身上也时常会出现,不同之处在于,弱者等待,强者克服。

我们每个人都会有弱势的时期,不光是对于弱者,强者也会出现这种情况。记得在第二次世界大战期间,英国首相丘吉尔曾经受到过忧郁症的困扰,表现出一种非常突出的不自信和抑郁,这种疾病一旦发作起来,他的整个精神状态就处于停滞甚至崩溃的边缘，使什么事情都做不好。但是丘吉尔最终还是把自己从自卑的状态中解救了出来，自信满满地行走在各种场合中。如果我们看清所谓弱势的实质，那么相信我们也可以像丘吉尔那样重整旗鼓，只有这样，我们才能摆脱所谓的弱势，使自己更有创造性，发现自己更加优秀的潜力所在。

将弱势转化为一种提升自我的潜力，需要找准适合自己发展的行业。

几年前，当小吴还是一个小小的部门主任的时候，认识了一个刚刚进这家公司工作的一个新同事。这个人看起来很柔弱，不爱说话，更别提什么说一些逗乐的话题了，所以整个人看起来不太精明。从小吴以往的经验看，这类说话办事不够犀利、老老实实、规规矩矩很听话的人，在他们这种销售公司里，一般是待不了多久的，果然，这个新来的同事，没过多久就离开了公司。让小吴没想到的是，5 年后，他竟然成了另一个行业的强者，做出了令人咋舌的成绩，报纸上在报道他的时候，说他现在的年收入至少 1000 万。小吴真的很好奇，曾经那么弱势的他，是怎么走到现在这种地位上去的呢？

小吴再次碰到他的时候，才把心中的疑问解开了。原来，不喜欢说话、不善于表达等这些被销售行业人员认定的弱势，在他转投到另一个行业之后，竟然变成了他身上的强项。因为他和所有人在一块的时候，总是喜欢倾听，插话的时候，也总是等到别人在说了些什么之后，等时机和气氛都成熟的时候开开口，他的善解人意和婉约反而赢得了周围所有人的信任。就在这样的背景下，他在那个行业的声望越来越好，团聚在他周围的人也越来越多，即使是以前从来没和他接触过的人，看到像他这样不善说话的人身边竟然能经营这么大的公司的时候，也都争相地加入。时间一久，他也就成了公司里响当当的人物，成了那个行业的标志性的人物，确立了自己强者的地位。

将弱势转化为一种提升的潜力，需要自信自强的精神。将弱势转化为一种提升的潜力，需要有天生我材必有用的自我肯定。

曾经在《读者》上读到过这么一篇文章——《你最大的弱点有时可以变成最大的优势》。说的是一个只有 10 岁的小男孩，遭遇了一场非常严重的车祸，失去了整个的左臂，但是，这个小男孩还是决定要去学习柔道。他拜在一位德高望重的柔道大师门下，小男孩非常努力，但是让他非常郁闷的是，在几个月的学习当中，大师反反复复地只是传授给了他一个招式。终于有一天，小男孩再也忍不住了，问道："师傅，您能不能再教我一些别的招式？""这是你唯一要学会的招式，虽然只有一招，但是对你来说也已经足够克敌制胜了。"大师的回答充满了自信。小男孩虽然不是很懂，但他信任自己的师傅，也就没有在这个问题上继续纠缠下去，便更加刻苦地练习起这一招来。一年后，小男孩在师傅的陪伴下，第一次参加柔道比赛。

让所有在场的人都惊讶得张大了嘴的情景出现了，小男孩非常轻松地连续赢了两场比赛。等到第三场的时候，大家都注意到了这个只有一条手臂、弱势明显的参赛选手，一下子吸引来了很多的人观看。这场比赛的对手稍微强点，所以小男孩比赛得并不轻松，但是没过多久，对手沉不住气了，发起了进攻，男孩巧妙地和他周旋，然后一招制敌。尽管小男孩对自己的成功百思不得其解，但他也没有多想，就这么一步一步地打进了决赛。这次的对手，人高马大，无疑是个高手儿。看上去，小男孩成功的机会并不多，在比赛的过程中，也证明了这种猜测，小男孩在这个高手的攻击下，步步后退，眼看就要被打败了。裁判怕小男孩受伤，所以打算暂停比赛，但一旁的大师却制止了裁判，"不，"大师非常坚定地说，"让他继续。"不久，小男孩的对手犯下了一个致命的错误，疏于防守，一味进攻，导致他的胸前门户大开。小男孩抓住机会，以迅雷不及掩耳之势，用那一招将对手摔倒在地。小男孩赢了，整个赛场都欢呼起来。

在回去的路上，男孩兴高采烈地和师傅聊起比赛时的情景。最后，男孩终于说出了自己的疑问："师傅，到现在我也不敢相信这是真的。我怎么只靠这一招，就得到冠军了呢？""你得到冠军有两个因素，"师傅回答小男孩说，"第一个，你学会的那一招，是柔道招式中最难的一招摔跤动作；第二，到目前为止，破解这个招式的唯一方法，就是对手要抓住你的左臂。"原来，男孩最大的弱势变成了他最大的优势了。

弱势并不可怕，可怕的是看不到弱势可以转化成潜力的这一面，整日消沉，整日埋怨，以至于毁掉了自己的人生。在强者的面前，千万不要对自己的弱势耿耿于怀，要知道，事物都是两面的，在不同的环境和背景下，弱势也可以变成发展的潜力。

❖必须不断学习和成长❖

一个人要想改变自己，改变现状，其实并不困难，依靠学习就能不断地使自己成长。但是首先要克服身上的惰性，这样我们才能抓住学习这根绳索，不断地提升自己的位置。学习是一个长期的过程，学习是一辈子的事情。

我们想要改变自己的地位，变成一个别人眼中的强者，就必须不断地学习和成长。在学习中不断地提高自己的能力，不断地努力追求，我们才能达到自己的人生目标，才能改变我们当前的处境。当我们还是一个学生的时候，我们要学习；毕业了，出来工作了，我们更需要不断地学习，因为这个社会并不是一成不变的，相反，它日新月异地在改变，我们只要稍微一懈怠，就跟不上时代的脚步了。不管是学习还是工作，都存在着激烈的竞争，要想成绩出众，职位高升，那就离不开学习。更何况我们想要改变，想要成为某个领域的强者的时候，更需要不断地学习了，只有这样，我们才有可能在不断的学习中成长为一个真正的强者。

学习和成长是一个广义上的概念，不管处于什么样的环境之中，只要肯学习，就一定能收获一些新的知识。有的人抱怨，在工作的岗位上什么有用的知识也学不到。我们可以换个角度来看这个问题，试想一下，公司的老板请我们来，是为了让我们给他做事的，不是让我们到公司读书学习的。其实，在哪里都能学到东西，关键在于我们自己要怎么学，有没有心、有没有毅力和热情，这些都是我们学习中必不可少的因素。在一档电视节目当中，看到过一对70岁的双胞胎老人，他们轮流展示自己会的几十种技能，包括书法，弹琴，吹笛，舞蹈，唱歌，写诗，还有周易预测等等，可谓样样精通，无所不能。最精彩的一个场景是他们作画的时候，表演的一种叫做“吹画”的技法，就是先把墨水与颜料倒在宣纸上，然后用纸吹成一幅画。两位老人在电视上用了不到30分钟，吹成了一株富贵牡丹。大家都惊叹老人的这一绝技，却不知道他们为了学会这种作画的技法，一吹就吹了30多年呢！正应了那句话，台上一分钟，台下十年功。看完这个节目，又让我想起了那些抱怨工作的人，不是说自己忙，时间少，就是说学不会。其实，人的一生，可以让我们学习和成长的时间是非常多的，两位70岁的老人，能够练成这么好的绝活，就是和毕生的学习分不开的。换个角度说，我们也没有必要像那两个老人那样，学这么多的东西，我们只要把毕生的精力和时间都用在学习一两样的本领上，或者用来取得更高的学位上，这又有什么难的呢？

由此可见，一个人要想改变自己，改变现状，其实并不困难，依靠学习就能不断地使自己成长。但是首先要克服身上的惰性，这样我们才能抓住学习这根绳索，不断地提升自己的位置。学习是一个长期的过程，学习是一辈子的事情。

小谢1992年从某化工学校毕业后，分配到这家化肥厂工作。从那时一直到现在，小谢从一名普普通通的操作工人到后来的门卫队长，再到车间主任，一直到现在的副厂长，成为别人眼里的强者，被企业连年授予技术能手称号。在这一过程中，小谢始终认为，一个人只要肯用心主动地去学习，一定会在自己的岗位上做出成绩，并不断地成长，成为这个行业的强者。他刚刚调进动力分厂的时候，被安排到厂里的洞氮热电厂学习。那个时候，小谢观察锅炉燃烧时的情况，还因为害怕而不敢靠近，也经常会问“汽轮机的转速为什么一定为3000转”等这样幼稚的问题。但是，换个角度来看，小谢的脑子里想的越多，求知欲也就越大，学习的劲头也就越强，以后成长的空间也就越大。

做化工行业的人都知道，化工操作的基础是熟悉整个工艺的流程。有时候，小谢为了弄明白一根管线的走向，就需要在一根柱子上爬上爬下地跑十几个来回。就这样，通过刻苦的学习，小谢很快就掌握了现场的流程。但是在面对锅炉装置的时候，还是觉得缺乏实际的操作经验，真正到自己操作的时候，一下子就感到束手无策起来。面对这种情况，小谢一次次地根据事故预案反复地演练，基本掌握了锅炉的操作要点。功夫不负有心人，在小谢一次又一次的演练下，终于慢慢掌握了锅炉的操作技巧，但是要想成为一个优秀的操作人员，只会操作而不懂原理是不够的。所以，小谢又买来一些专业的书籍，一边工作一边自学，遇到疑难的时候就去请教厂里的专业人员，他给自己定下了一条规矩，凡是遇到锅炉需要修理的，他一定要赶到检修现场，和钳工们一起熟悉设备的结构，弄懂设备的工作原理。就这样，小谢把理论和实践有机地结合在了一起，更深入地了解到了设备的工作情况。这样，他就能很好地把理论知识与实际操作结合在一起，更深入地了解设备工作情况了。通过这么多年工艺操作经验积累，小谢对工艺操作水平理解为三个层次：第一层是仅仅会一些常规性的正常操作，属于一般水平；第二层是根据事故现象进行正确的处理属于有水平；第三层是能够通过事故预案进行工艺调整，做到优化操作才算高水平。为了让自己的水平不断得到提高，小谢在工作之余，还经常探索影响和制约汽轮发电机组正常、高效运行的瓶颈因素，并提出了多条合理化建议，得到车间的采纳。小谢提出的对凝汽器补水方式进行改造的建议，经采纳实施后，按厂控指标计算，每年可为企业节约支出170万元。

人只有不断地学习，才能成长为一个强者。所以，人生就是一个不断学习的过程，特别是我们在面对强者的时候，更要不断地学习进步，使自己更快地成长起来。

❖每天进步一点点❖

如果真能够做到每天都进步一点点的话，哪怕只是在别人眼里微不足道的一点点，试想一下，有什么能够阻挡住你最终走向成功的脚步呢？换成一个企业，假如也能够每天进步一点点，并把这种精神融入到它的企业文化中去的话，当这个企业的每个员工都进步了一点点，我们可以想一想，有什么样的困难能够阻挡这样的企业走向腾飞、走向辉煌呢？

记得有这么一首歌曲：丢掉了一枚硬币，就失去了一份购买力；丢失了一份购买力，就失去了一种购买的可能；丢掉了一种购买的可能，就失去了一份喜欢的东西；失掉了一份喜欢的东西，就丧失了一天的好心情；没有了一天的好心情，就改变了一个人的生活。

谁都想不到，一个人生活的改变，竟然和他曾经丢掉过一枚微不足道的硬币有着千丝万缕的联系。正所谓千里之堤，溃于蚁穴。一个微小的变化、一个纤细的不足，就能够带来不可逆转的变化。大家都知道一种叫做“蝴蝶效应”的原理，说的是，美国纽约的一场海啸，发生的原因竟然是大洋另一边日本东京的一只小小的蝴蝶震动的翅膀。蝴蝶翅膀的颤动，每一次都正好被外界的因素放大，就这样，不断被放大的震动，一直越过了辽阔的大洋，波及美国的纽约，引起了一场剧烈的海啸。

每次放大的这一点点，最终会带来一场让所有人都意想不到的变化，这就是成功的真理吧。要想成为一个强者，就需要每天都进步一点点。

从现实当中看，所谓的强者的成功，都是需要很多因素叠加在一起才能出现的。比方说，他们每天的微笑都会比前一天灿烂一点；他们每天的行动都会比昨天积极一点；他们每天的精神都会比昨天的阳光一点；他们每天的效率也会比昨天提高一点点；每天的方法比昨天多出一点点等等。就像我们在数学学习中接触到的平方和立方一样，虽然只是相差了一个“1”，但是结果却差了十万八千里，几乎都是成倍增长的。每天进步一点点，日积月累，我们的曾经和现在就会有着明显的不同，我们的生活和工作就会越来越好，我们就会在将来的某一天成为某个领域里的强者，从而改变我们现在的地位。

中国大思想家荀子有一篇非常有名的文章，叫《劝学》，里面的一段话就非常有道理：“积土成山，风雨兴焉；积水成渊，蛟龙生焉；积善成德，而神明自得，圣心备焉。故不积跬步，无以至千里；不积小流，无以成江海。骐骥一跃，不能十步；驽马十驾，功在不舍。锲而舍之，朽木不折；锲而不舍，金石可镂。蚓无爪牙之利，筋骨之强，上食埃土，下饮黄泉，用心一也。蟹六跪而二螯，非蛇鳝之穴无可寄托者，用心躁也。”说的就是这个道理，每天进步一点点，积少成多，最后一定会有着质的变化。

其实说到底，每天进步一点点，就是一个积累的过程，是一个由量变到质变的过程。大家都知道，沙漠是由一粒粒的沙子堆积出来的，而我们的成功也是要靠着我们一点点的打拼积累出来的。这就好比一个人，刚刚开始上学的时候，接触到课本，一打开，发现上面的什么也看不懂，更别说把它流利地读出来了。时间长了，学到了一些新知识，认识了一些生字，这才勉勉强强地读上几行。再后来，学到了更多的知识，认识了更多的生字，可还是只能读上几页而已。就这样，慢慢地积累，每天都进步一点点，终于有一天，我们发现自己居然全部都能读下来了，课本里的东西再也难不倒我们了。这让人不禁联想到一个成语故事——“水滴石穿”。这个故事讲述了水滴和大海比赛，看谁先把石头击穿。水滴一直都在日复一日、年复一年地坚持着，而大海却认为它的力量很大，可以轻易击穿这块石头，想先休息一会。后来，水滴终于滴穿了石头，而大海却没成功。由此，可以看出，只要我们慢慢累积，就一定会成功。

心境

决定处境

成为一个强者，改变自己的地位，就是简单的事情重复着去做，每天进步一点点，是简单，也是不简单。这个世界上为什么有那么多的人都一事无成?不是他们没有能力，也不是他们没有运气，而是他们不愿意为这些简单的事情重复地去做。因为越是简单的事情，人们也就越不愿意去重复它。

我们中的每一个人，如果真能够做到每天都进步一点点的话，哪怕只是在别人眼里微不足道的一点点，试想一下，有什么能够阻挡住你最终走向成功的脚步呢?换成一个企业，假如也能够每天进步一点点，并把这种精神融入到它的企业文化中去的话，当这个企业的每个员工都进步了一点点，我们可以想一想，有什么样的困难能够阻挡这样的企业走向腾飞、走向辉煌呢?

强者之所以成为强者，是他们知道每天都进步一点点的道理；弱者之所以还是弱者，是因为他忘记了积少成多的道理。所以，面对一个强者，要学习他的这种精神，为我所用。

第 5 辑

面对穷困，

要有“穷且益坚，不坠青云之志”的心态

贫穷是一种非常无奈的事情，它可以让人没有生活质量，也让人在某些时候感受不到尊严。假如你是一个穷人，此时正处于贫穷之中，那么，千万不要丢掉希望，更不能自己丢掉尊严。只要我们在面对贫穷的时候抱有“穷且益坚，不坠青云之志”的心态，相信从古至今，那些成就大事的人，在面对贫穷的时候，从来没有放弃过自己的理想，那么，贫穷也就不可怕了。

敢冲破困扰你贫穷的樊篱

敢于突破贫穷的樊篱，就要具有合理利用时间与金钱的智慧。能够高效率地运用时间去创造财富，不能虚度光阴，让自己所能掌控的每一分钟都实现其创造人生价值的潜能；要将自己所创造出的价值合理分配，能够使自己所拥有的每一分钱都发挥出其最大的效用，并能够有效实现财富积累。

贫穷，即指一个人物质生活的极度匮乏状态，缺乏钱财、生活拮据、不具有满足自己愿望所需要的资金。无论是古代还是现代，贫穷是致使人们生活困苦的一个重大原因。尤其是在现代社会，在物欲横流、拜金主义盛行的财富追求思想冲击下，一些生活在贫困之中的年轻人难免会产生一种极为不平衡的心态。他们会对生活和家庭产生一种强烈的抱怨心理，或者对自己的人生产生一种无法自控的自弃心理；他们认为生活不公，使自己生存于贫穷的境遇中；他们认为贫穷形成了阻碍自己人生发展的障碍，资金的限制使自己无法实现自己远大的理想；他们认为这种贫穷状态是无法改变的，是命中注定的，自己的一生天生注定要在低人一等的物质条件中度过。

在现实生活中，这种贫富反差的对比是确实存在的，你的朋友或许可以凭借家里的优越条件轻而易举地就开店、办公司、创业，或者出国、留学、周游世界，而你或许却要为每个月的生活费精打细算，连买一个汉堡的钱都要思量再三，不能轻易消费，更不要提及留学、创业、买车买房等“大理想”了。此时，你会产生上述所列举的心理意识吗?如果身处于贫困之中的你,也存在着类似于他们的思想意识,那么,请你丢掉那些自弃的妥协于生活的思想吧!今天,我要告诉你,贫穷的樊篱并不是不可突破的,贫穷更不会成为阻碍你实现人生梦想的障碍。只要你敢于以智慧与毅力去打破贫穷的桎梏,你的人生同样可以成就辉煌。

我们知道李嘉诚是《财富》大王之一,2008年的财富统计中,他的资产就已高达265亿美元。这样一位拥有巨额资产的成功人士,我们每每提及都会艳羡万分,同时也会在内心想:李嘉诚真是好命啊,他怎么就能成为知名富豪呢?他怎么就会有这么好的"财运"呢?其实,李嘉诚的财富不是从天而降的,他的所谓的"财运"是自己在贫穷的生活中逐步积累创造而来的。说李嘉诚曾经贫穷,也许你会感到诧异,但我们一起读完李嘉诚的财富故事,你便会知道财富神话原来是可以自己创造的。

李嘉诚很小的时候,父亲李云就因病去世了,母亲体弱多病,还有3个弟妹需要照顾。一家人的生计都成为问题,更不要提及上学读书了。于是,李嘉诚从小辍学,到处打工养活一家人5口。那个时候,一家人只能勉强维持温饱,母亲还经常把自己的饭让出来给弟弟妹妹们吃。有时候,母亲在路过菜市场时,连地上的菜叶子都要捡回家来,清洗干净做一锅菜汤。李嘉诚在那个时候,就想:"我一定要凭借我自己的能力,赚钱养家,让家人过上好日子。"他小小年纪,尝尽贫穷所导致的疾苦,但却一直没有抱怨生活的不公,也没有丧失奋进的信心与勇气,而是一直靠着自己的勤奋一边打工一边学习。

李嘉诚曾经在钟表店做过临时工,在五金工厂做过推销员,在茶楼做过伙计,在塑料玩具厂做过销售员。他在做这些苦差事的时候,经受过很多波折,也受过很多别人的侮辱。可是李嘉诚充分利用工作的机会增长见识、积累经验,同时将每一份工资都合理地分配。每个月,李嘉诚都会在扣除生活费和家里的花销费用外,留出一部分钱存储起来。1948年,还不到20岁的李嘉诚凭借自己出色的工作业绩被塑料玩具厂提升为总经理。1950,李嘉诚将自己多年来省吃俭用存储的7000美元全部取出,投资创建了自己的"长江塑胶厂"。从此,李嘉诚开始了自己的创业之路。

自此之后,李嘉诚凭借自己的睿智和才能,凭借自己的拼搏奋斗,抓住一次次可贵的发展商机，使自己的企业越做越大，以滚雪球般的态势发展成为国家重点企业，并登上世界《财富》杂志。在一次接受记者采访时，李嘉诚说：“贫穷，在我小时候给了我最深的感触，但我感谢曾经的贫穷和困难，因为这些给了我突破人生境遇的信念与勇气，才使得我能够成就今天的成功。我只想告诉现在的年轻人，你现在所经历的贫穷与痛苦不是无可突破的桎梏，只要你勤奋、刻苦，运用你的智慧和潜能，你一定可以突破贫穷的樊篱。”

李嘉诚的故事和他的一番话，充分警醒我们：贫穷并不可怕，可怕的是失去一个勇敢奋斗的心。那么，我们要如何去突破贫穷的樊篱，创造自己的财富人生，实现自己的理想呢？

敢于突破贫穷的樊篱，就要具有“人穷志不穷”的信心与决心。“人穷志短”的思想观念是懦弱者的认知，因贫穷而自卑、自愧、否认自己的人，永远无法成就大业。朱元璋在做皇帝之前曾经沿街乞讨；林肯曾经因为贫穷而辍学打工，但他们之所以能够成就大业，正是他们在贫穷的困扰中树立了自己的雄心壮志，以壮志鼓舞自己拼搏前进。

敢于突破贫穷的樊篱，就要具有在贫穷中历练自己的勇气与毅力。贫穷形成了困扰你前进的阻碍，你就要使自己形成突破这种阻碍的能力与本事，而这种能力的形成过程就一个自我锻炼、自我培养的过程。就如李嘉诚一样，能够在贫苦中通过学习、实践，积累知识、阅历，最终使自己具备一种厚积薄发的爆发力量。

敢于突破贫穷的樊篱，就要具有敢于拼搏的耐力与实践能力。哈福艾克说：“有钱人努力让自己变成有钱，穷人则是一直想着要变成有钱。”这句话的内涵就是：想，是不能解决实际问题的，要真正成为财富的拥有者，必须努力行动。同时，在全心奋斗的勤奋刻苦中，要能够不失时机地把握住发展机遇。

敢于突破贫穷的樊篱，就要具有合理利用时间与金钱的智慧。人要能够高效率地利用时间去创造财富，是要求人不能虚度光阴，让自己所能掌控的每一分钟都能为实现其创造人生价值而被充分利用；人要将自己所创造出的价值合理分配，是要求人能够使自己所拥有的每一分钱都发挥出其最大的效用，并能够有效实现财富积累。

❖果断行动，全力以赴❖

财富的积累要有一个递增的过程，而这一点一滴的积累过程需要你用每一分每一秒去创造财富、发掘财富、增长财富。只有勤奋的人才能更好地利用时间的价值，将每一分钟都转换为自己突破贫穷障碍的知识、智慧、才干、资本、条件，从而才可能改写人生，成就自己成功的神话。

古人孔颖达说："惟能果敢决断，乃无有后日艰难。"这句话的意思就是说：人在处理事情、进行决断时，只有果断决策才能在最恰当的时机把握机遇、突破困境，才能使预期目标实现最佳效果。所谓果断，就是迅速、果敢、当机立断，而非犹豫不决、拖泥带水、当断不断。

人在生活与人生发展中，一些机遇是可遇而不可求的，当这些机遇出现时，如果顾虑重重、徘徊不决，那么势必会错过最佳发展时机，而最佳时机的错过，则意味着与成功失之交臂。尤其是处于贫穷等困境之中的人们，一个可以使自己突破困境阻碍、突破境遇低谷的机会是多么的珍贵！把握住这个可贵的机会，你有可能会从此摆脱贫穷、走出困境、走向成功；而错过，你则有可能仍要继续在人生低谷中蛰伏数年，甚至一生。因而，当机会出现时，请你一定要迅速出击、全力以赴，以自己最大的能力去全力一搏。

海尔公司在一次探讨公司发展战略规划的时候，召开了数次股东大会。一次，海尔集团公司的首席执行官张瑞敏，在公司股东大会上提出过一个问题，他说："石头怎样才能在水上浮起来？"听到这个问题后，在场的管理干部及个各部门代表说出了种种答案，他们有人说把石头内部砸空，有人说用木板将石头架起来，有人说这个石头是假设的假石头……面对大家各种各样的回答，张瑞敏说："这块石头是真实的，并且不允许破坏石头，更没有什么木板可以作为辅助条件。"这时，会场的所有股东全部陷入沉默的思考中，他们怎么也想不出这其中可以使石头浮起的奥妙究竟在什么地方。3分钟以后，一位部门经理站起来大声说："速度！"听到这个回答，张瑞敏立即露出了满意的笑容，他说："正确！答案就是速度。《孙子兵法》曾讲述过'激水之疾，至于漂石者，势也'，只有水流的疾速才可以使石头在水面漂起来。如果将我们公司发展的高目标比喻为一块大石头，将外界机遇、风险、竞争比喻为河水，那么公司发展的种种决策、战略、途径以及过程则为水流的速度。如果要使我们公司的高目标这样一块大石头，在激烈的竞争与重重困阻中漂于河水之上，永不沉没，就必须保证我们公司各项策略与行动的速度，只有抢占先机、全力以赴，才能保证我们处于不败之地。"

多年以来，海尔集团之所以能够取得辉煌发展，并一直在电器领域保持领军人的先锋地位，与其"以速度取胜"的经营发展战略具有血脉相依的密切关系。海尔集团首席执行官张瑞敏对"激流浮石"的理念阐述，不仅是谋求企业发展的指引之策，更是谋求人生发展的哲理之言。

果断行动，全力以赴，就要不失时机。自古常言"时不我待"、"机不待人"，在人生抉择的一些重要时刻，犹豫与徘徊总会导致错失机遇或更大的失败。在很多时候，尤其是一个人身处特殊境遇，要摆脱困境的重要时刻，不失时机地果断决策、迅速行动是突破樊篱桎梏、实现人生转折的先决条件。

果断行动，全力以赴，就要抢占先机。抢占先机，毋须多言，就是要先于别人抓住有利条件。很多时候，成功机会就如同赛道之上的金牌之位，宝贵而无第二，你要获取这枚金牌，就必须以最快的速度冲刺到别人前面，否则金牌之位将与你无缘。有这样一个冷笑话。

有两个人在森林里旅行，遇到了一只老虎。两个人都想快速逃命。这时，其中一个人从背包里取出一双非常轻便的运动鞋，准备换上鞋子再跑。另一个人非常着急地说："你这该死的，干嘛呢？还不快跑，还在那换鞋子。你无论换什么鞋，也跑不过老虎啊！"这时，换好鞋子的那个人说："我只要跑得比你快就可以了啊！"说完，他穿着轻便的鞋子飞速地向前跑去。

很多时候，人生境遇也是一样，当可以摆脱困苦、指引成功的机会来临时，还有很多与你一样的人希望得到这样一个可贵的人生转机，如果你此时因为犹豫不决而使别人先你一步抢占先机，那么你将成为落入虎口的那个人，很难再遇到可以扭转人生境遇的机遇。

果断行动，全力以赴，就要在做出抉择之后永不回头，拼尽自己的全力去为自己的未来"殊死一搏"。

在决定实现一个目标的时候，应该是雄心壮志、斗志昂扬的，而这个目标实现的过程肯定会遇到重重阻碍，尤其是在贫穷等困境之中顶着压力、越过障碍前进的奋斗者，更是会感觉到艰难重重，但此时你要知晓"开弓没有回头箭"，你要像开弓之箭一样以直中靶心之势实现自己的理想目标，就必须如开弓之箭一样勇往直前。

果断行动，全力以赴，就要时刻保持一种"领先意识"。保持领先意识，就是在与别人赛跑的同时，与时间赛跑。常言说"早起的鸟儿有虫吃"，跑在时间前面的人，才更有可能积累人生财富。

要知道，财富的积累要有一个递增的过程，而这一点一滴的积累过程需要你用每一分每一秒去创造财富、发掘财富、增长财富。只有勤奋的人才能更好地利用时间的价值，将每一分钟都转换为自己突破贫穷障碍的知识、智慧、才干、资本、条件，从而才可能改写人生，成就自己成功的神话。

❖欲得其上，必求上上❖

任何一个人，身处顺境时，不应忘记有效利用自身的优越条件去追逐人生梦想；在身处逆境，尤其是被贫穷困扰时，更应该给自己制定一个能够扭转人生的"上上追求"。在人生的航船中，如果你想到达航程的中游，就必须按照上游的标准去做；如果你想到达航程的上游，就必须按照上上游的标准去付出。

孔子曾经说："欲得其中，必求其上；欲得其上，必求上上。"孔子之言留给后人的哲理思考便是：一个人想要获得某种成功，就要为自己制定一个比这个成功目标更高标准的要求。因为，在一般情况下，人所能得到的通常都会低于自己所要求的，而"必求上上"的追求目标则是激发一个人实现更高要求的信念与动力，是指引成功的导航与索引。

"欲得其上，必求上上"，是一个人谋求生存发展的雄心壮志。人在事业发展与生活构建中都不可没有雄心壮志，放眼世界与古今，凡是成功的军事家、政治家、企业家、艺术家、科学家，以及不断刷新纪录的运动员、突破吉尼斯纪录的各种参赛选手，他们无一不具有一种"必求上上"的雄心壮志，正是他们以此壮志作为自己的奋斗目标，才使得自己拥有无限奋斗人生的激情与毅力，最终实现了"欲得其上"的梦想。正所谓"不想当将军的士兵，不是好士兵"，不想突破障碍"更上一层楼"的人，永远不会成为生活中的成功者。

“欲得其上，必求上上”，是一个人突破人生发展障碍的动力支撑。人陷于某种困境中时，尤其是受到贫穷的困扰与束缚时，走出这种不得志的人生境遇需要一种强大的动力支撑，“必求上上”的奋斗目标便是给予人希望、塑造人毅力的支撑点。如果你想突破贫穷人生的障碍，如果你想扭转贫穷人生创建新生，你就必须以“创建辉煌成功”的上上之志来要求自己，不断地以此鼓舞自己向着梦想前进。

简而言之，“欲得其上，必求上上”，是激发一个人挑战困境并战胜困境之能量的催生素。有一本书叫做《把斧头卖给美国总统》，作者在这本书中阐述了一个观念：“如果你有强烈的成功欲望，那么你一定能够成功。”这个观念所讲述的道理就是：强烈的成功欲望是促使成功实现的先决条件。人之所以平庸，是因为自己没有突破平庸的“大要求”；人之所以贫穷，是因为自己没有扭转命运的“大梦想”。你要相信一句话：“不是奇迹创造了人，而是人创造了奇迹。”

著名画家任伟，曾于2007年出版了大型画集《中国当代画家翰墨精品集》，并被收录于《中国艺术名家》。这位成功的画家顿时成为社会公众所关注的焦点。很多人都认为任伟一定从小就生活在一个条件极为优越的家庭环境中，才使得他能够具有学习绘画的一切物质条件保障和艺术条件熏陶。但是，令大家意想不到的是，这位著名大画家完全依靠自己的勤奋与斗志，在贫寒的生活中开创出属于自己的精彩天地。任伟说：“我的成功秘诀就在于：必求上上。我一直都是用更高的标准来要求自己，并相信自己可以做得更好。”

任伟，1960年生于乐至县一个贫寒人家。自小喜欢绘画，可是家里却没有富裕的经济条件来实现他的绘画心愿。但是，任伟一直没有放弃自己的绘画梦想，也没有因为贫困条件的限制而失去实现梦想的信心。任伟靠着自己打工、做零活赚来的零花钱去报名参加了县文化馆的美术培训班。面对很多人的质疑，任伟说：“我一定可以成为一个优秀的画家！”当时很多人都认为这是一个小孩子的“玩笑话”，要知道艺术这条路是充满艰辛的，这样一个穷苦人家的孩子，怎么可能实现如此远大的理想呢？

中学毕业后，任伟下乡当了知青，1978年任伟参军回城。这期间，他一直没有忘记自己要成为画家的梦想，在业余时间刻苦练习绘画，并且他的很多作品在艺术团和当地文化团刊登并获奖。当时，县城知道任伟的人都称他为“小画家”，并且他的名气越来越大。但是，任伟并没有因为这些小小的成就而感到知足，他对自己说：“我要做的不是我们省、县的画家，我要成为全国的知名画家。”1982年，任伟回到地方，在乐至县文化馆做专职美工，这时，家里人都对他说：“好样的！这下我们家任伟就可以实现自己的艺术梦想了。”可是任伟却笑了笑说：“这才是我梦想的起步而已，我的梦想正在高处向我招手呢。”而后，任伟自修了大专文凭，并且将自己的画艺进一步精湛，这期间，他的作品多次在全省美术大展获奖。1994年，任伟成为四川省美术家协会会员，之后任伟进修中央美术学院。不断地进步与不断地新要求形成一种极好的良性循环，使得任伟的绘画风格与艺术技巧已臻化境，最终不仅成为了中国著名的工笔画家，而且在世界享有声名，他的作品被日本、新加坡等国家特别收藏。

目前，任伟在取得这些令世人瞩目的巨大成功之后，又给自己提出了新的目标，他要给自己的艺术生涯再造第二个高峰期。面对记者采访，任伟说：“自古云：求其上上，得其上；求其上，得其中；求其中，斯为下矣。只有不停地督促自己，才能实现更高的理想追求。”

任伟，在年少的贫寒阶段，给自己制定了一个积极上进的奋斗目标，立志成为一名画家；在之后的奋斗道理中，不断给自己的奋斗理想加码，以此铺垫出一个个崭新的、更高一级的阶梯，使自己一步步走向成功的高峰；在登上成功的高峰之后，我们看到，任伟又向自己制定了超越自我的巅峰冲刺，我们相信凭借他这种“必求上上”的奋斗精神，最终会实现自己攀登巅峰的人生理想。

任何一个人，身处顺境时，应不忘有效利用自身的优越条件去追逐人生梦想；在身处逆境，尤其是被贫穷困扰时，更应该给自己制定一个能够扭转人生的“上上追求”。在人生的航船中，如果你想到达航程的中游，就必须按照上游的标准去做；如果你想到达航程的上游，就必须按照上上游的标准去付出。

“欲得其上，必求上上”，就是要求你以主动进取的精神去对待人生，以主动进取的精神去完善自我，以主动进取的精神去创新生活。

不放弃自我，天助自助者

天助自助者，要想寻求外界的救助，首先要通过自己的努力去获得他人的认可，使得他人愿意助你一臂之力。再者，不放弃自我，才能够在贫困等困境中抓住自己人生的转折点，才能积极主动地把握住自己的人生机遇，发掘一切可以发掘利用的机会去重塑自己的人生。

古人言："欲得天助，必先自助。"意在强调人的自强不息、奋发图强的意志的重要性，尤其是在面对贫穷、困苦、挫折与失败等艰难的人生境遇时，永不言弃的自我坚持、自我鼓励、自我救助的奋进精神显得更加尤为重要。《圣经》中有这样一个故事：

在非常久远的远古时代，发生了一次极具毁灭性的洪水灾害。当时，亚当制造了挪亚方舟来救赎人类。当洪水泛滥时，挪亚方舟停在了水中，很多人都争抢着想尽办法冲到洪水的激流中，登上了挪亚方舟。还有一些人因为不能到达挪亚方舟上，就临时攀登到了高高的大树上，以求暂时躲避洪水。登上挪亚方舟和攀登到大树上的人，最终都获救了，当洪水退去以后，他们又重新回到自己的家园，重新创建了自己的生活。

可是，还有另外一些人，他们在洪水到来之时，没有做任何的逃生行动和努力，而是跪在地上一个劲儿地祈祷，希望万能的上帝可以来拯救他们。结果，这些人全部被洪水淹死了。当这些人死后，见到了上帝，他们无不抱怨说："亲爱的上帝啊，我们那么虔诚地祈愿，那么信仰你，可是在我们遇到危险的时候，你为什么不来拯救我们呢?”上帝听后,平静地说:“我派亚当制造了挪亚方舟去拯救人类,告诉大树做你们暂时规避洪水的避难所。而你们在洪水到来之时,有船不知道自己登上船舱,有树在你们面前,你们也不知道爬到树上去躲避洪水。你们还想要我怎样去救助你们呢?”

这个故事充分讲述了天助与自助之间的关系，当人生的灾难与困难如洪水一样,将要吞没生活时,你需要做的是尽己所能地去寻找自己的“挪亚方舟”和“大树”,以自己的努力去与困境抗衡,寻找出路;等待或祈愿其本质属于一种妥协和放弃,以这样一种心态在逆境中求生,结果只能是自断前程、自我毁灭。

常有人说:“生死由命,富贵在天。”这是一种消极的宿命论,在贫穷、挫败等诸多困境中“听天由命”,是自我放弃、自取灭亡的悲观心态。如果你不想成为臣服于人生贫困境遇的败者,就不要在不尽如人意的人生境遇中以这种“天命论”的消极观念来作为自己放弃理想、放弃拼搏的理由。放弃自我,是懦弱者的表现!无论在任何情况下,你都要记住:“不放弃自我,天助自助者。”

不放弃自我,就是要求一个人要敢于做自己的救世主。当你面临贫穷、疾病、挫败等人生发展障碍时,你首先要认清自己的所处状况,而后充分发掘自身一切可以利用的条件,并同时创造一切突破困境所需的条件,依靠自己的力量和一切自己可开发的力量去救助自己。而不是等待天赐良机,更不能轻易放弃。一本禅书中曾讲述过这样一个故事:

一天,一个人在一所屋檐下避雨,看到观音菩萨正撑着伞从雨中走过。于是这个人大喜,忙喊住观音说:“观音菩萨,现在我被困在雨中,请您度我出去吧。”观音看了这个人一眼说:“现在你在屋檐下,并未淋雨,而我却行走在雨中,为何要我度你?”这个人听后,忙从屋檐下走出来,站到雨中对观音说:“观音菩萨,你看我现在和您一样站在雨中,都被淋湿了,请您赶快度我吧!”这时,观音淡淡一笑说:“我在雨中走,却未被淋湿,是因为我打着一把伞。你站在雨中而被淋湿,是因为你没有打伞。可见,不是我害你被雨淋湿,是你自己因为忘记寻找自己的伞而被淋湿,为何要我度你?你快去找寻可以度你的伞吧。” 这个人听后，只好想尽办法去近处的一户人家借了一把伞,然后打着伞回家了。到家后,还对妻子说:“哎,都说遇事要求菩萨,今天我才知道，求谁都不如求己，还是我费劲力气借到的这把伞帮助我回家了。"这时，观音突然出现在他家门口，笑着说："恭贺施主，你终于悟到了人得以生存的玄机。"

这个故事告诉我们：人唯有能够做自己的救世主，才可以救赎自己。

不放弃自我，同时要求一个人能够将"自助"与"天助"完美结合，即在自己的努力下去寻找他助。要知道有时候，一些困境单单依靠一个人的自身力量是很难突破的，很多时候你需要依靠他人的帮助，依靠外界的力量去实现自身突破。这时，你要能够清晰地分析清楚自己可以争取、应该争取的外界援助，以自己的努力去争取到这些可以依靠的外界力量和可以借助的外界条件。但去获取外界援助的首要前提，依然是"自我努力"。

有两个车夫各自赶着一车货物行驶在一条泥泞的小路上。因为道路过于泥泞，两个人的驴车都陷入了泥坑中，因为车上货物过沉，他们怎样也没有办法将货车拉出来。于是他们两个人都各自想办法，想要把车子从泥坑中弄出来。这时，他们都想到传说中的天使可以有求必应，帮助人们走出困境，于是他们都祈祷天使来救助他们。不同的是，其中一个人跪在地上，什么都不做，虔诚地祈祷天使的救助；而另一个人则在地上画了一个十字，然后一边祈祷天使到来，一边从车上向下搬卸货物。当他将一车货物搬卸完毕后，天使真的来了，笑着对他说："现在我可以帮助你将车子拉出来了。"此时，另一个人忙站起来说："天使啊，我一直在祈祷你的到来，你应该先帮助我啊！"这时，天使回答说："他一直在努力劳动，为把车子拉出而搬掉了所有货物，我因被他感动才来相助；而你，则什么活都没有做，还想让我先帮助你这个被动的懒汉吗？"

这个故事告诉我们：天助自助者，要想寻求外界的救助，首先要通过自己的努力去获得他人的认可，使得他人愿意助你一臂之力。

再者，不放弃自我，要求一个人能够在贫困等困境中抓住自己人生的转折点，积极主动地把握住自己的人生机遇，发掘一切可以发掘利用的机会，去重塑自己的人生。

与其速亡，不如精彩地活着

当人生境遇令你感受到痛苦之时，不要忘记从另外的角度去发现生活所存在的美；当贫穷困境令你感到前途坎坷重重之时，不要忘记以其他的途径去开创新生的路径；当一切不如意令你感到沮丧、忧伤、焦虑时，不要忘记生活中还有更多快乐和希望。总之，不要忘记，以多重角度的思维与心态去发现自己的精彩、创造自己的精彩。

人生之中，有时候很多境遇是不由我们选择的，比如我们在此所讲述的贫穷，再比如疾病、挫折、灾难以及各种不测风云，在这种种充满磨难与考验的人生境遇里，我们希望它们能够改变、希望一切都可以以力挽狂澜之势得以扭转，但是在这个与境遇抗衡的过程中，人与人的心态却是完全不同的。有人会心生抱怨，每日将自己陷入一种不平衡心态所导致的痛苦中；有人心生绝望，认为境遇之困阻是不可抗拒的“天命”，因而消极度日、等待命运的宣判；有人则在贫穷及痛苦中构建希望，相信人定胜天，努力地向上攀登、再攀登；有人虽知境遇难改，却以积极乐观的态度勇敢地迎接一切磨难与痛苦，在人生的尘埃中绽放自己的精彩。

纵观不同人们对待特殊境遇的态度，你属于哪一种呢？如果你不能确定自己的心理状态，那么请你试着问自己一个问题：当贫穷成为你人生发展的障碍之时，你愿意选择将自己的人生就此埋没、让自己的生活陷入绝境，以绝望的心态等待命运对你宣判“死刑”；还是愿意选择为自己的人生拂拭尘埃、磨打光芒，使自己生命的每一分钟都尽可能地绽放出夺目的光彩？前者只能在悲望中速亡，后者才更有可能创造新生，即便后者仍不能使你成就辉煌伟业，也足以获得属于自己的别样精彩，使你的一生脱离痛苦的深渊，并且获得无怨无悔的满足。因而，聪明的你，一定会做出一个正确的抉择：“与其速亡，不如精彩地活着！”

在贫穷境遇中精彩地活着，就要由自己决定自己命运的颜色。生活是什颜色的？也许你会说：“一帆风顺、意气风发的生活是多彩多姿的；贫困痛苦、艰难重重的生活是黯淡无光的。”那么，你有没有想过你这样回答的依据是什么呢？其实你的答案只是你自己内心的感受反射而已，生活本身是不具颜色的。哲人曾对这个问题这样回答：“我的心是什么颜色，我的眼睛所看到的就是什么颜色，因而我的生活就是什么颜色。”可见命运的色彩是由一个人的心和眼睛所决定的，所以能够决定你生活悲喜的人只有你自己。

传说，在一个遥远的海岛上居住着一位法师，据说这位法师具有超强的预知能力，他能够预测人的祸福与生死。一个武士听到了这个传说，就想一探虚实。于是这位武士历尽千山万水找到了这个海岛，见到这位法师。他对法师说：“大家都传言说你上晓天文、下通地理，能够占卜吉凶、预测未来，坦白说，我并不十分相信你的这种预知能力。现在我手里就握着一只鸟，你能说出这只鸟是死的还是活的吗？如果你答对了，我就将我的命运交给你，由你来安排我后半生的生活。”法师听后，浅笑一下回答说：“如果我说这只鸟是活的，你会用手捏死它；如果我说这只鸟是死的，你会松开手放飞它。你想要的答案不决定于我，而决定于你自己。”武士听后，恍然大悟：原来，自己的命运与生活永远只能掌握在自己手中。

其实，对于我们每个人而言，无论处于怎样的境遇之中，我们心情的悲喜、生活的哀乐就如同我们自己手中的这只鸟，能够决定其喜怒哀乐、精彩与否的，始终都只是自己。你要记住：物质的贫穷不可怕，可怕的是一个人精神世界的贫穷。

在贫穷境遇中精彩地活着，就要以积极心态构筑正确的人生观。以积极心态构筑正确人生观，就是要人能够在低谷境遇中乐观地生活，同时以积极的思想意识正确认识自己的人生困境，找到创造自己内心快乐的源泉（例如做自己喜欢做的事、多用心去接纳阳光的投射、以精神生活来使自己过得更丰富的精彩等等），这样你不仅可以获得心灵的愉悦，而且会更有利于你寻找到突破困境的途径。

有一位教授在家里准备第二天的一个关于“以积极心态正确认识人生、创造人生精彩”课题的演讲稿。当时妻子不在家，5岁的小儿子在客厅里玩闹不休，吵得他无法静心写稿子。心烦意乱时，他看到一本书上有一幅世界地图，于是这位教授就把这张地图撕了下来，并撕成了很多碎片，丢在地上说：“孩子，你去把这幅地图拼完整，如果你完整地把地图拼出来我就奖励你两角五分钱。”于是儿子安静地到一边去拼地图去了。教授心里想，儿子用尽一天也未必能将地图拼完整，这下自己可以安心地准备演讲稿了。可还不到10分钟，儿子就捧着地图对教授说：“爸爸，地图拼好了，您看对吗？”教授看到儿子不但没有被如此“艰巨的任务”吓倒，还这么快就将地图拼得完整而正确，非常吃惊，就问道：“孩子，你是怎么做到的啊？”儿子眨眨眼睛说：“这幅地图的背面是一个人像。我想如果背面的人像拼正确，正面的地图也一定是正确的。所以就按照地图背面的人像拼了出来。”教授听后，对儿子说：“谢谢你，我的儿子，你让我知道如何去写明天的演讲稿了。”

第二天，教授在演讲中说：“人生的境遇是具有正反两面的，有时它将多彩多姿在正面呈现给你，令你感受到欣喜与愉悦；有时它将黯淡无光在正面呈现给你，让你尽尝辛酸苦辣。但是，当你处于不尽如人意的人生境遇时，如果你能用积极心态去将你的不如意翻转，你会看到人生境遇背面和侧面的亮丽风光。”

这个故事和这位教授的一番话，留给我们的启迪就是：当人生境遇令你感受到痛苦之时，不要忘记从另外的角度去发现生活所存在的美；当贫穷困境令你感到前途坎坷重重之时，不要忘记以其他的途径去开创新生的路径；当一切不如意令你感到沮丧、忧伤、焦虑时，不要忘记生活中还有更多快乐和希望。总之，不要忘记，以多重角度的思维与心态去发现自己的精彩、创造自己的精彩。

同时，在贫穷境遇中精彩地活着，就要怀有希望之心穿行人生的戈壁，并且能够用坚强毅力突破束缚人生发展的樊篱。希望是生命之光，毅力是精彩人生的支撑保障。

内心强大的人才能挣脱不幸

如果你正处于贫穷境遇的困扰之中，如果你正在为自己所经受的困境打击而百般懊恼，请你一定要为你脆弱的内心铸造一副坚韧的盔甲，做一个内心强大的人。如果你不想在贫困中潦倒或毁灭，就一定要记住：只有内心强大的人才能摆脱贫穷的不幸。

内心强大，就是指一个人具有较强的心理素质、坚强的意志；同时，内心强大还具有另外一种深层含义，便是指一个人能够在先天条件或现有条件发生恶性突变的情况下不向困境屈服，能够以超强的信念与毅力克服重重阻碍，博取人生的成功。强大的内心，通常是伟人与成功人士共具的一种心理特性，它能够使人摆脱各种不幸境遇的羁绊，开创梦想希翼之中的新天地。

因而，我们说，一个忍受贫穷境遇困扰的人，要想摆脱贫穷所导致的各种不幸与痛苦，就必须使自己的内心足够强大，能够承受各种压力与挑战，向不如意的人生境遇宣战，走出命运低谷，开拓成功人生，因为内心强大具有一种不可低估的能量发动作用。内心强大，是一种强力精神的表现，能够使人产生坚定的意志与无坚不摧的斗志。

内心强大的人，具有非常明确的奋斗目标和人生理想，对未来充满希望，无论遭遇怎样的困境，无论是因为先天物质条件缺乏而不具备任何发展保障，还是因后期意外突变而导致穷困潦倒，他们都能够以“天生我材必有用，千金散尽还复来”的积极心态去面对生活、开拓人生。

内心强大的人，具有能够排除一切外部干扰，不断地积蓄自身发展所需的各种必要因素和条件的能力，并且他们善于为自己的人生发展创造有利条件，他们既可以经受住外界的诱惑，也可以抗衡外界的阻碍，真正做到心无旁骛地发展自我。

内心强大的人，具有极好的抗压力和平衡心态，无论是在任何情况下都可以做到宠辱不惊、淡定自若，无论是贫穷，还是挫折和疾病的不幸境遇都无法破坏他们内心持久的安宁与平静。因而他们可以凭借自我超强的抗压能力和平衡心态，产生对生活境遇客观而科学的认知，以极具发现力的眼光和思想，从人生的各个角度去发掘生活所存在的美与快乐。

简而言之，内心强大的人，具有追求、信念、思想、魄力、积极心态与奋斗精神，这些都是人要克服人生发展阻力、谋求自身发展成功所必不可少的先决条件，因此，一个想要摆脱、突破贫穷境遇困扰的人，首先必须要使自己成为一个内心强大的人。

张岩，成长在一个极为贫寒的农村家庭。小学的时候，张岩父母省吃俭用地为他积攒学费，勉强供他读完了6年的小学；中学的时候，家里实在没有足够的钱供张岩继续读书，张岩的父亲曾经想到要他辍学去南方打工，可是张岩却满不在乎地说：“没有关系，爸妈，你们不要太悲伤了，我可以凭借自己的能力去凑足还没有着落的部分学费。”于是，这个暑假，只有10多岁的张岩一个人到外面收废品、到附近的小吃部做临时工，攒够了几百块钱学费。后来，张岩以优异的成绩考入了一所一本大学，并想尽各种办法申请了银行的贫困助学金，顺利进入了自己梦寐以求的“象牙塔生活”。4年大学生活中，张岩没有让父母为自己的学费有过任何忧虑，他一边拼命地学习，一边勤工俭学，每个学期都会获得学校的一等奖学金。就这样，张岩凭借奖学金和勤工俭学所赚到的工资供自己读完了大学，还攒了4000多块钱。常人很难想象张岩这样一个年轻的“大孩子”，是凭借怎样的坚强与毅力做到这些的。

张岩从小就尝尽了贫穷所带给自己和家人的辛酸，所以他从小就立志要做一个成功企业家，帮助家人和自己摆脱贫困，等到自己拥有足够实力的时候，再帮助家乡的父老乡亲们摆脱贫困。因此，在毕业之后，张岩用自己的4000多块钱和从系院长那儿借来的几千块钱，与两个同学一起合伙开了一个小公司。谁知道，天有不测风云，几个月后因为看到公司发展并不乐观，合伙同学卷款而逃了。那几天，张岩一个人面对着空荡荡的公司办公室，无奈与绝望在心底一起交织着，可是3天之后，张岩又重整旗鼓，他开始积极地到市区的天桥上去找工作。这时的张岩，口袋里仅有五角钱的硬币，连一个馒头都买不起。这天，张岩在天桥上看到了一则招聘启事，便到那家公司去应聘。老总在了解了他的情况后，非常质疑地说："你似乎已经是一无所有了，那么你有什么信心能够扭转你的人生呢？"张岩听后，非常肯定地说："我并没有一无所有，我虽然只拥有五角钱，但不是一无所有，真正的财富不是用财产来衡量的，而是用大脑里的智慧和骨子里的坚强来塑造的。"听了张岩的话，老总对其非常赞赏，录用了他，并预支了他一个月的薪水。

3年后，张岩凭借自己的信心与努力，被这家公司提升为副经理，并且拥有了自己的资产。5年后，张岩投资家乡建设，开了一家农副产品加工工厂，带动了全村人民脱贫致富。在家乡的工厂剪彩仪式上，张岩万分感慨地说："从小我便历经了贫穷所带给我的困苦辛酸，也正是在贫穷所带给我的磨难中让我塑造了自己坚韧的性格与坚强的内心，这份坚强就是贫穷所赐予的最大财富，凭借它我才能够走出求学之路的艰辛与创业失败的困境，最终实现了我的梦想。请大家一定要相信自己，贫穷并不可怕，只要我们坚持自己的信念，以坚韧不屈的毅力去拼搏，一定可以创造出无穷的财富！"

读完张岩的故事，你的内心是否觉到感染与震撼呢？如果张岩在自幼的家庭贫困中放弃求学的希望；如果张岩在创业经受重创之后一蹶不振，那么他还会有日后的成功吗？张岩，无论是在先天的贫困束缚，还是在后天的破产打击中，都以强大的内心接受了一切现实，凭借自己超人的坚定信念和顽强毅力，最终实现了人生梦想。

如果你正处于贫穷境遇的困扰之中，如果你正在为自己所经受的困境打击而百般懊恼，请你一定要为你脆弱的内心铸造一副坚韧的盔甲，做一个内心强大的人。如果你不想在贫困中潦倒或毁灭，就一定要记住：只有内心强大的人才能摆脱贫穷的不幸。

第6辑

面对伤痕，

要有“人生看得几清明”的陶然心态

人在社会中行走，和各色人等打交道，经历各种事情，那就难免会受到伤害而在身体和心理上留下伤痕。有的人在面对伤痕的时候，情愿做伤痕的奴隶，把自己的一生都浸在痛苦当中，怎么也走不出伤痕的阴影；有的人却能走出阴影，把伤痕当成美好的回忆，用那种“人生看得几清明”的陶然心态来面对，找回那个曾经奋斗的自己。后一种人值得我们尊敬和学习，从今天的脚步中找回我们自己，重新开始，去创造一个更加美好的明天，这才是我们在伤痕面前所要做的事情。

没有人不摔跤、不摔伤

人生摔跤，从实质上看，是一个人理想追求和现实之间产生差异的产物，是这种不契合的一种矛盾的具体外现。当我们的实际行动没有达到我们当初设定的理想标准，使其不能实现的时候，也就可以说摔了一跤。这种摔跤，必然在我们心灵上造成深深的伤害，甚至能够使一个人最终一蹶不振，但也可能使人产生一种努力改变的紧迫感和责任感。

世事无常，人的一生哪有不摔跤的时候呢?摔一下，难免受伤，轻者破皮流血，重者伤筋动骨，甚至更有人摔伤了心灵，留下了挥之不去的阴影。我们可以想一想，再圆的月亮，也有缺失的时候；耀眼光鲜的碧玉，总难免留下斑斑点点的瑕疵；而我们这些在社会上打拼的人们，就免不了被岁月的刀口划伤，遭受意想不到的创伤。

在一座高山上，生长着很多的树木。一颗娇嫩的小树，生长在一棵参天大树的旁边，大树给它遮风挡雨，因而这棵小树生长得非常健康快乐，小树也把大树当成了生命中最重要的部分加以珍惜。但是有一天，小树身旁的那棵参天大树，被伐木的工人给砍掉了，小树一下子失去了依靠，不知所措地哭了起来。这个时候，生长在旁边的另一棵大树安慰小树说："孩子，不哭，在你的生命里，总会碰到各种各样的困难，总会在没有意识的时候摔跤，面对很多的挫折。你要学会坚强地面对，失去了大树的遮挡，反而是一件好事，你可以吸收更加多的水分和阳光，吸收更多的养料，可以更快更茁壮地成长啊!”

就像上面的这个小故事所说的那样,人在生活中难免会摔跤,一帆风顺的人生也许只存在于美好的童话当中。

我们都知道,人的一生曲折漫长,充满了成功的喜悦和失败的痛苦。对人生来说,失败带来的伤痕是我们走向成功的道路上必须要重视的一个问题。只有我们仔细地回味,然后思考人生中的伤痕,才能真正地把握住人生的真谛和乐趣,也只有在我们战胜一个又一个的人生挫折之后,我们才能真正地走向成功的彼岸。

那么,人生失败所带来的伤痕的内涵和成因是什么呢?

所谓的摔跤带来的伤痕,是指我们在某种欲望的推动下,在实现这种欲望的过程中所遇到的挫折以及由此引起的内心的痛苦体验,比较通俗地解释,就是我们常说的逆境和不幸状态下的心理感受。

我们的人生面临很多条路,因而我们也会因为不同的路况而摔跤。纵观古今中外的历史,有的人因为政治上的失意而蒙冤,有的人因为工作上的失败而倒下,有的人因为生活上的穷困而自卑,有的人因为爱情上的缺失而不振,还有许多人因为家庭和身体上的原因而面临精神上和身体上的创伤等等。

仔细分析一下,人生道路上的摔跤,包含着若干的要件:第一,要有一个动机和追求的目标,也就是我们常说的人生的价值意义所在。我们的一言一行,都是由动机和目标支撑的,而摔跤则意味着我们的行动偏离了原来的目标,以至于失去了它本应该代表的意义。第二,要实现这种目标和动机的手段和途径,也就是一个人为了自己的目标所做出的实际行动和付出。摔跤就意味着这种行动和付出没有相应的结果和收获。第三,摔跤的最终事实所带来的心理上的伤痕,也就是说我们因为行动和最初的目标动机的背离而感到的伤痛及不幸。

人生摔跤,在实质上看,是一个人理想追求和现实之间的产物,是这种不契合的一种矛盾的具体外现。当我们的实际行动没有达到我们当初设定的理想标准,使其不能实现的时候,也就可以说摔了一跤。这种摔跤,必然在我们的心灵上造成深深的伤害,甚至能够使一个人最终一蹶不振,但也可能使人产生一种努力改变的紧迫感和责任感。

那么，让我们摔跤的原因是什么呢，为什么我们的人生中避免不了一次又一次的摔跤呢?我们可以从自然社会和自我两个层面上来看待：

第一，从自然社会这个层面上看，我们的活动要受到自然社会条件的制约，而这些制约，往往会产生我们不能预料的结果。比如说一些我们预料不到又抗拒不了的自然灾害，诸如地震、洪水、泥石流、干旱，这些都会让我们追求人生理想的脚步停留在一个不利的环境当中。而在这样的环境之中，我们想要取得当初设定的成绩，就必须要多付出几倍甚至是几十倍的艰辛努力，但是即使如此，我们成功的概率也往往很低，和在一个正常环境下成功的几率相比，差别是十分巨大的。另外，社会的变革脚步所扬起的尘埃，特别是那些历史进步过程中所不能避免的低潮和逆流时期，这些因素也能给一个人带来很多的不良影响、限制，甚至扼杀一个人最美好的追求和向往，让社会中的绝大一部分人限于伤痛之中。

第二，从我们本身的层面上来看，个人的身体和家庭条件、对事物的认知程度等等，都限制和阻碍着我们在一生中不做错误的事和决定。这种个人限制和阻碍，使当初的理想和目标不能实现，在现实生活当中是非常多的，比如一个人的长相、身高、胖瘦等等，会影响这个人的许多方面；个人的家庭条件、智力、心理等方面，也决定了这个人的选择和底气。而一旦在某些方面上有缺失而达不到先前的预期，就会摔跤，产生挫折感。一个人对自己人生价值定位的合适与否，以及在为实现这种价值的时候奋斗的阻碍，都会让自己对先前的理想产生距离感，从而引起心理上的不平衡和失落。

所以说，人生路上，摔跤是避免不了的事情，摔了一跤，摔伤了，摔怕了，每个人都要经历。摔跤了，该怎么办?这才是最重要的问题。

❖消弭伤痕，调整自己❖

生活中的伤痕不一定是个坏事情。正因为有了伤痕的存在，我们才有了比自己原来所预想的好得多的结果。因为有了伤痕，迫使我们开始思考，开始学习，让我们变得更加聪明和勇敢，让我们在以后的日子里学会了怎么面对困难和伤害。

我们都有受伤的经历，不管什么样的伤痕，都需要我们自己慢慢地消弭才能愈合。我们的人生当中，难免会在漫长的人生旅途中和人产生矛盾，或者在事业上面临意想不到的挫折，这个时候，心受伤了，如果我们一任这种伤害遗留在我们的心中，没有得到相应的治疗和消弭，那么随着时间的积累，在日后必然会给我们的人生留下很多的后遗症。那么，我们应该怎么面对这种伤害，怎么消弭它们带来的创伤呢？

首先，我们应该学会面对现实，学会不指责别人，认为自己现在之所以这样，都是别人造成的。

假如我们把自己受伤摔跤的原因归结到别人的身上，那么我们的心境就难以得到平衡，总会对这一点念念不忘，那么心中的伤痕不仅仅消弭不了，而且还会增加一种怨恨，实在是得不偿失的一种结果。想要消弭伤痕，自己心灵理疗的第一个步骤就是“自我反省”，了解自己之所以摔跤和受伤的原因，从自己身上找到问题，并用经历过的眼光来检视。

其次，重新设定目标，淡化心中伤痕。

人生中的摔跤是和设定的理想紧密相连的。每个人的理想和追求有很多方面，并且在不同的时期、不同的人生阶段，这种理想所表现出来的具体目标也会有所不同。在我们实现这些目标的过程中，摔跤也就避免不了，但是，人在面对这种摔跤而产生的挫折与伤痕时，那种心理上伤痛的强弱，是和他们本身对自己人生价值的目标定位息息相关的，对自己将来的期望越大，受到的伤害也就越深；反之，就少。也就是说，人生伤痕的心理体验的大小轻重是由这个人本身所感知的这种摔跤对自己的人生价值的伤害的大小轻重决定的。一个把事业作为自己人生价值体现的人，穷困潦倒和碌碌无为就是他心中最大的伤痕；一个把国家和人民的利益作为自己价值的人，则会把个人的失败荣辱看成过眼云烟；一个把爱情当成毕生追求的人，背叛和失恋则会让他感受到整个人生的毁灭。但是一个热爱生命的人，则会把爱情看成带刺的玫瑰，虽然避免不了摔跤与扎手，但却没有什么心理上的负担。

再者，反省伤痕产生的原因，认识伤痕另一面的积极意义。

记得有这么一个故事，讲的是一个富翁和一个乞丐之间的事情。一个富翁和一个乞丐同时找不到前进的道路，那个时候，他们刚好处在一个大森林里面，七八天以后，富翁饿死了，但是那个乞丐却毅然活着。这让后来知道这件事情的人都想不明白，一天，有个人终于忍不住自己的好奇，追问乞丐这其中的原因。乞丐神秘地说：“这看起来是个秘密，但是一说出来其实非常的简单。我是一个乞丐，我对挨饿已经习以为常了，那个时候，我们在森林里找不到食物，我就找到了一些野菜来充饥。但是，那个有钱人，平时大鱼大肉吃惯了，哪知道这野菜也能填饱肚子呢?所以，我还活着，他却饿死了。”其实我们人生中的伤痕，有时候并不是个坏事情，假如一个人在生活中一帆风顺，没有遇到过什么挫折，没有摔过什么跤，养尊处优，那么长久下来，他就会失去面对伤痕的能力，一旦他遭遇到人生中的逆境和伤痕，那么他的人生就会显示出脆弱的一面。

我们再来看看这个故事，相信会对这个道理有一个更加深刻的认识。

有一年，美国的纽约中心公园顺应广大市民的要求，放飞了一直关在笼子里5年的老鹰。但是，仅仅过了4天，当那些自认为爱护鸟类的市民还在为自己的善举沾沾自喜的时候，一个来纽约旅游的客人，在距离中心公园不远的小树林里发现了这只老鹰的尸体。这只老鹰是因为什么原因而死掉的呢，一时间大家众说纷纭，有的说是吃了带农药的食物被毒死的，有的说是因为天气转冷而冻死的。但是后来经过解剖，大家才发现这只老鹰是饿死的。老鹰是一种非常凶悍的动物，有的时候，它甚至能和豹子争夺食物，但是由于它被笼子关得太久了，远离了大自然，远离了天敌和食物，从而失去了生存下去的能力。

所以，生活中的伤痕不一定是个坏事情。正因为有了伤痕的存在，我们才有了比自己原来所预想的好得多的结果。因为遇到了伤痕，迫使我们开始思考、开始学习，让我们变得更加聪明和勇敢，让我们在以后的日子里学会了怎么面对困难和伤害。

第四，增强自信、蔑视伤痕。

人生避免不了摔跤，也避免不了受到伤害，但是，在不同心态的人身上，他们对伤痕的心理反应却是各不相同的。所谓的消弭伤痕，就要首先具备自信，就要拥有坚强的意志，须知自信和勇敢是我们迈向成功的关键，也是消弭伤痕的最重要的因素。有自信的人不一定会取得成功，但是没有自信、自卑怯懦的人，绝对是会一事无成的。对那些自信勇敢的人来说，摔跤和由此产生的伤痕，不会让他们一蹶不振，反而更加能激励起他们一往无前的豪情和壮志，愈挫愈勇；而那些缺乏自信和勇气的人，一旦摔倒了，受到了伤害，他们可能就此一跌不起，自甘堕落。

所以，我们在摔跤以后，不要害怕由此产生的伤痕。我们要相信自己，分析原因，认识到这种伤害的积极意义，由此消弭心中的伤痕，调整好自己的精神状态，爬起来，继续往前走下去。

❖痊愈自己，然后重新开始❖

一个拳击手说过这样的话："当你的右眼被打肿的时候，左眼还得睁得大大的，这样才能看清对手，也才能找到机会打击对方。假如连你的左眼也因为疼痛而闭上了，那么不但左眼也要挨上一拳，恐怕连性命也保不住了。"这虽然说的是拳击运动，即使被对手打伤了，也要睁大眼睛面对这种情势，如果不这样的话，一定会受到更加激烈的打击。但是，我们的人生又何尝不是这样呢？走出心灵的伤痛，保持一种陶然的心态，痊愈自己，然后重新开始，这样，我们才能对得起自己，对得起家人。

有很多人，在谈到自己摔跤的时候，都这么总结："我已经尽最大的努力拼搏过了，但是很不幸，我还是失败了。"其实这样讲话的人，最终还是没有摆脱上次摔跤的阴影，最终还是没有痊愈自己。

我们当中的很多人，都知道生活不会一帆风顺地随着自己的意愿而改变。我们看到身边那些所谓的失败者和成功者之间最主要的区别就是，失败者总是把自己摔过的跤和遇到的挫折当成失败，于是，人生路上的每次摔跤都能深深地刺痛他的内心，磨掉他向前的勇气；而成功者，是从来也不轻言失败的，他们在一次又一次摔倒的时候，总是对自己说："我这不过是摔了一次小小的跤而已，并不是失败了，我还没有成功呢，要继续努力！"然后他们会爬起来，拍拍身上的泥土，再次开始新的征程。

一个暂时摔倒了的人，如果想要爬起来继续往前走，那么他今天的摔跤，就不算是失败，因为他还打算继续往前走，还要继续追求自己的目标；相反，如果这个人摔倒了，再也不想爬起来了，那么，这个人就真的输了。

在我们遭遇到挫折的时候，我们要有一种陶然的心态，在哪里迷失了方向，在哪里摔倒了，我们在反思过后，要爬起来，重新开始。

英国著名的电视播音员朱丽在她40年的播音生涯中，曾经被辞退过20次，我们可以想象那种一次又一次被辞退后的情景，那种心灵的伤痕是多么的让人痛苦啊！但是朱丽很快就从伤痛中痊愈了自己，不仅仅让自己走出了阴影，还为自己下次的就职确立了更加远大的目标。当时，由于英国的一些电视台对女性播音员存在着错误的认识，以为她们不能很好地吸引观众，所以，没有一家电视台愿意雇用她。最后，很不容易，有一家电视台愿意雇用她，但是仅仅在那里待了半年，她就被辞退了，原因是电视台觉得她跟不上当时的时代潮流。朱丽伤心了很久，但是她没有气馁，她很快又树立起了信心，总结了先前失败的教训之后，她又向伦敦的另一家电视台推销自己。这次电视台勉强地答应让她试一试，但是需要她先在政治节目中主持。“我对政治几乎一窍不通，恐怕最后还是做不好这个节目。”这让她一度非常地犹豫，但是朱丽最后还是坚定起来，告诉自己一定要大胆地尝试。那个时候，朱丽对主持节目早已经非常的熟悉了，于是她利用自己亲切的形象和平易近人的主持风格，大谈那一年大选对她自己生活的影响和意义，还鼓励电视机前的观众打电话和她连线，和她一起畅谈感受。观众一下子对她主持的这个政治节目产生了热情，朱丽也因为这次的成功而一举成名。现在，朱丽已经是当地家喻户晓的人物了，她曾经4次获得最重要的主持人大奖。她告诉每个人自己的故事：“我从一开始到现在，经历了20次失业和再就业，原本应该被这些坎坷和不幸所吓倒的，做不到我现在的这种成就。但是，现在的结果刚刚相反，我走出了那些伤痕，走到了新的目标，重新开始了我的追求。”

痊愈伤痛，然后重新开始，这不仅仅是对自己负责，更是对家人、对社会的一种责任。

德国的百货大王拜恩斯就是一个很好的例子。他出生于1879年，柏林人，年轻的时候出海闯荡，再后来的时候，回到了柏林开了一家小铺子，买些日用品，小刀、小剪子、纽扣、针线什么的，但是因为经营不善，没过多久就倒闭关门了。半年后，他又开了另一家杂货店，但是也以关门而终。家人的生活也一下子跟着跌进了低谷，生活一下子紧张了起来。拜恩斯没有放弃，后来他又开了一个小饭馆，但是最终也没有经营好。这三次失败以后，拜恩斯决定转行，又到慕尼黑开了一家小铺子，做起了服装批发的生意，但是这一次不仅仅是关门那么简单了，差点把老本都赔了个精光。但是拜恩斯一直不死心，一次次的失败深深地伤害了他的心，但是一想到答应妻子和孩子们要让他们过上好日子，他的挫败感很快就痊愈了，重新投入到创业当中去。这一次，拜恩斯离开了德国，来到了遥远的英国，还是做布匹生意，这一次他没有失败，命运终于眷顾了他，他的生意做的很灵活，甚至挨家挨户地推销。那个时候，他的店铺头一天开业的时候，账面上的资金只有20英镑，但是今天，他在伦敦和柏林有着好几家大百货商场，成为一方富翁。

我们想一想，如果拜恩斯在失败了后，不能痊愈挫折带来的伤痛，不能重新开始一个新的征程，那么他会拥有今天的成就吗？记得一个拳击手曾经说过这样的话："当你的右眼被打肿的时候，左眼还得睁得大大的，这样才能看清对手，也才能找到机会打击对方。假如连你的左眼也因为疼痛而闭上了，那么不但左眼也要挨上一拳，恐怕连性命也保不住了。"这虽然说的是拳击这种运动，即使被对手打伤了，也要睁大眼睛面对这种情势，如果不这样的话，一定会受到更加激烈的打击。但是，我们的人生又何尝不是这样呢？

走出心灵的伤痛，保持一种陶然的心态，痊愈自己，然后重新开始，这样，我们才能对得起自己，对得起家人。

❖化创痛为动力，抓住腾飞的机会❖

把伤痛转化为向前的动力，抓住腾飞的机会，那么，挫折和伤痛对我们来说就不一定是件坏事情。这个世界上，有很多人一直在诅咒摔跤，诅咒那些让自己失魂落魄的伤痛，其实，我们应该为遭遇伤痕而高兴，因为有它的存在，我们才有不断向前的动力，才会不断地进步和强大！

对付人生伤痛最好的方法，就是化创痛为力量，作为我们再次前进的动力，抓住再次腾飞的机会。

面对创伤，我们应该发奋图强，战胜所谓的挫折。要想战胜创痛，并将之化为前进的力量，我们必须发奋图强，努力地去奋斗。大家常说这么一句话："苦难是人生中的一笔财富，苦难可以转化成巨大的力量。"面对人生中避免不了的摔跤，我们都希望变挫折为坦途，变创痛为动力，赢得人生中的美丽和幸福。面对创伤，要学会认真地总结，汲取摔跤的教训，调整自己的情绪，用积极的人生态度看待当时的情况。只有这样，我们才能化悲痛为力量，把原本的坏事变成好事，让我们一步一步地走向成功。如果我们在摔跤以后，消极地对待和忍耐，怨天怨地怨别人，甚至怨恨自己，自暴自弃，一味地沉浸在创痛之中，那么，伤痕永远还是伤痕，失意永远也还是失意，它们不仅成不了我们继续前进的动力，反而会成为前进路上的绊脚石，那么，即使机会摆在我们眼前，我们也抓不住，也飞不起来。

心境
决定处境

“文王拘而演《周易》，孔子厄而著《春秋》，屈原放逐，乃赋《离骚》，左丘失明，厥有《国语》，孙子膑脚，《兵法》修列，不韦迁蜀，世传《吕览》，韩非囚秦，《说难》、《孤愤》……”纵观我国历史上这些伟大杰出的人物，无不在人生当中摔了跤、受了伤，没有一个人是一帆风顺地达到自己的目标的。但是他们在失败面前选择了奋起，选择了化悲痛为力量，在人生中最困难的阶段，挺直了腰杆儿，与摔跤后的伤痛和逆境抗争，用自己的双手紧紧地抓住了腾飞的机会，终于在失败之后成为了一个强者，实现了自己的人生理想。

有个人曾经做过这么一个统计，得出一个结论：古今中外那些最著名的大科学家、大作家等等，都是在摔跤之后取得他们一生中最重要的成就的。这个人专门为此查阅了300个国外最著名的文学家的传记，他很惊讶地发现，这300个大文学家中，有两百多个在他们的成功过程当中遇到过巨大的创痛。这个人通过总结发现了这些伟大杰出的人物们在成功经历中的一个共同的模式：挫折——奋起——成功。所以，从这个意义上来说，那些遭遇到了伤痛并能把伤痛化为力量继续前进的人，最后都会抓住腾飞的机会，有所成就的。

伟大的发明家爱迪生，他就是这种化悲痛为力量，然后抓住腾飞的机会的典型人物。若是没有那么多的挫折和创痛，可能也就没有那些让世人惊叹的发明了。

爱迪生小的时候，家里非常贫穷，连吃饭都成了问题，更别说去买那些看似无用的实验材料了。但是他对发明极为执著，于是想到了去收集那些瓶瓶罐罐来代替一些实验用的器材。有一次，爱迪生在火车上做实验，但是没想到突然就引起了爆炸，火车车长为此狠狠地打了他一记耳光，结果把他的一只耳朵打聋了，以至于他以后的人生都陷入听不到声音的窘境，只能勉勉强强地听清一些分贝比较强的声音。假如换成别人，这无疑是个巨大的打击，听不到声音，活着还有什么意义呢？但是爱迪生却没有被这个伤痛所打倒，他认为，与其不情愿地听一些没有意义的声音，还不如让自己“安安静静”地实验好得多。生活上的贫困以及身体上的创痛，不仅没有使他丧失对生活和理想的信心，反而极大地激发出了他那种顽强向前的精神，在发明电灯的过程中，他前前后后一共实验了上千种灯丝材料，面对一次又一次的失败，他始终没有灰心，并且乐观地打趣自己“知道了哪种材料不能做灯丝”。就在这一次次的失败中，他积累了丰富的经验，心中也有了一定要成功的巨大力量，最终取得了成功。他的一生，一共给这个世界贡献了1093种发明。

值得一提的还有美国拳坛的英雄阿里。阿里在当时的一场拳击比赛中，被一个此前默默无闻的小子肯诺顿打碎了下巴，那场比赛他输得非常惨，以至于轰动了当时的整个舆论界。于是，阿里的纪念章开始被减价叫卖，讽刺和攻击的言论在媒体上开始出现，一些人甚至还写信给阿里谩骂他。面对这种情况，阿里把惨败转化成了动力，进行了更加刻苦的训练，一直都不曾松懈。最后，半年后在洛杉矶的一场拳击比赛中，阿里轻松地打败了肯诺顿，重新获得了胜利，为自己恢复了名誉。

任何人的成功，都是在不断地摔跤之后，化疼痛为力量换来的，不断地战胜伤痕和磨难，只有这样，我们才能抓住之后腾飞的机会。我们要记住，当我们埋怨自己遭受到莫大的伤害的时候，别人也许会比我们艰难的多，就像那句格言说的那样，“我一直在哭，哭我没有鞋子穿，但是有一天我却发现，别人没有脚。”这个世界上只有一种情况让我们羞愧，那就是我们在遇到伤痛的时候一蹶不振。

把伤痛转化为向前的动力，抓住腾飞的机会，那么挫折和伤痛对我们来说就不一定是件坏事情。这个世界上，有很多人一直在诅咒摔跤，诅咒那些让自己失魂落魄的伤痛。其实，我们应该为遭遇伤痕而高兴，因为有它的存在，我们才有不断向前的动力，才会不断地进步和强大！

第7辑

面对无常，

要有“笑看天上云卷云舒”的淡定心态

在生活和事业中，每个人都会遇到危机，夫妻感情变淡、上司不信任、邻里之间不和睦、朋友之间产生了隔阂……须知世事本无常，什么样的危机都有可能出现，那么我们在面对危机的时候，应该怎么做呢？其实危机并不可怕，只要我们抱有“笑看天上云卷云舒”的淡定心态，笑对生活，这样危机自然也就不能在我们的心理上造成什么伤害了。

人生处处是危机

一位哲学家曾经说:“当你来到这个世界的时候,你哭了,大家都在笑;当你离开这个世界的时候,你笑了,大家却都哭了。危险,就是这样在以一种不可捉摸的方式循环着。”这句哲言所警示给我们的人生思考便是:“欢笑中潜伏着痛哭的危险,痛哭中潜伏着欢笑的生机。”人生处处是危机,人生处处有转机。

危机,一方面意思是指令人感到危险的时刻或者严重的困难关头;另一面含义是指导致危险产生的祸根,即潜伏的祸害或危险。危机是人在生活中最想要规避、最不希翼发生的,然而危机却是时刻都潜伏于生活之中的。危机具有四大特征,危机的四大特征使得危机分分秒秒地与人们的生活如影随形,也使得危机成为令人们最为担忧的生活隐患。

危机的四大特征便是:危机具有意外性,即危机所爆发的具体时间、实际规模,具体态势和影响程度令人难以预料,通常是在始料未及的情形下突兀而至;危机具有聚焦性,即危机的信息传播速度非常快,尤其是在现代社会进入信息时代之后,危机的信息传播、扩散速度比危机本身的态势发展还要快,因而会形成一种广泛的恶性影响;危机具有紧迫性,在生活之中,无论是对于企业还是个人,危机一旦爆发,它的破坏性便会以一种势不可挡的形式迅速蔓延,必须给予及时控制,否则,后果将不堪设想。

从危机的四大特征分析，我们可以认识到，危机是一种在生活中随时都有可能突发的不幸境遇状况，它的发生也许是你预料之外的，从这一角度讲，危机是在你的意识之外所存在的，并且具有一定程度或强烈影响的破坏性；从另一方面讲，即便你可以对可能引发的危机具有一定的先知预料性，即便你可以对危机进行防范和规避，但你仍然无法消除它的存在。

因而，从危机本身的特性角度分析，我们说，危机于人生之中处处存在，无法消除；从危机所隐匿潜伏的生活环境讲，危机不仅仅存在于低谷的不尽如人意的人生境遇状态中，而且同样普遍存在于顺境的意气风发的人生境遇之中。

我们说，危机伴随于风险与困境之中，这一层次的含义非常容易理解，那么我们为什么说人生顺境之中仍然存在危机，甚至会潜伏着更大的危机呢?这需要从机遇与危机相互依存的矛盾统一关系去分析。对于危机这一概念的哲学角度解释便是："危"即为危险；"机"即为机遇，"危机"的意思便是危险和机遇的伴生，并且机遇所带给你的预期利益与发展机会越大，其所潜在的危机风险性越大，所以，我们说对于人生而言，无论是处于逆境还是顺境，危机都无处不在，时刻相随。

总而言之，无论是从危机的本身特性来分析，还是从危机所潜伏的生活境遇状况来分析，危机都是时时刻刻存在于生活之中，处处存在于人生路途之上。曾有哲人说："在人类的生活中，随时都有可能爆发各种或大或小的危机，危机就如同纳税和死亡一样不可避免。"

一位著名管理学教授在一次"正确认识人生危机"的课题演讲中，讲述了这样一段经历，他说："去年7月19日，我在深圳讲学完毕，正准备返程回北京，却发生了莫拉菲台风。大家都知道莫拉菲台风是强度最大、移速最快、影响范围最大的恶性旋风，并且这次深圳所发生的台风是1993年以来深圳所发生的最大一次台风风暴。当时，台风在夜里登陆深圳海港，而我恰好就在台风登陆口的深圳大鹏湾南澳镇海贝湾大酒店靠近海边的别墅里住宿，我的房间正好面对大海。在咆哮的风暴中，海浪以排山倒海之势扑打在我房间的玻璃窗上。那时，我被这突如其来的风险震慑住了，我当时就在想：我还能够安全离开深圳吗?就在前一分钟，我还想着如何去准备下一次的讲学课题呢，这样的风险却突兀而至。7月21日我回到北京，22日便奔赴徐州去讲学，当时天气已经好转，非常晴朗。可是当晚到达徐州之后，却又是雷雨交加，飞机在徐州机场上空盘旋了一个多小时。当时正是夜里，飞机在能见度极低的黑夜强行着陆，使很多乘客的心都提到了嗓子眼。"

在讲完这段经历之后，这位教授接着说："在短短几天，我便经历了两次虽然寻常但足以威胁生命的人身危机，这次经历虽然有惊无险，却让我心生感慨。在人的一生中，各种大大小小的人生风暴不正是如同这不测风云一般潜伏左右，随时都有可能爆发的吗？人身危机、财产危机、情感危机、仕途危机等生活危机无处不在啊，让人防不胜防。那么，对于这些处处存在的人生危机，我们要以怎样的心态去应对呢？这首先需要我们对危机的存在和发生给予正确而科学的认知，而后以淡定的心态去接受危机现实，以智慧和勇气去克服危机障碍。生活之中危机的无处不在，就如同人在吃饭时偶然会被噎到一样寻常和普遍，人不会因担心被噎死而不去吃饭；同样，人不能因惧怕危机的发生而停止生活！"教授话音刚落，台下立即响起了雷鸣般的掌声。

这位教授的演讲主题告诉我们一个深刻的道理：人生处处是危机，人必须要保持一种对危机的警醒意识，但不可因危机的普遍存在而整日"杞人忧天"，更不可因危机的随时引发而成为"惊弓之鸟"；意识到危机的存在是为了更好地防范危机，是为了时刻做好接受危机、迎战危机的心理准备、从而在危机发生时，能以从容不迫的心态去挑战危机，以处变不惊的谋略和胆识去化解危机。

一位哲学家曾经说："当你来到这个世界的时候，你哭了，大家都在笑；当你离开这个世界的时候，你笑了，大家却都哭了。危险，就是这样在以一种不可捉摸的方式循环着。"这句哲言所警示给我们的人生思考便是："欢笑中潜伏着痛哭的危险，痛哭中潜伏着欢笑的生机。"这就如同，企业家不会因为有可能面临破产的危险而放弃创业梦想；农民企业家不会因为暴风骤雨对农园的毁灭而放弃农业种植发展；科学家不会因为种种试验所可能引发的风险而停止科学研究；宇航员不会因为航空随时可能导致的意外死亡而丢弃人生理想。

一个人在任何时刻都要记住：当机遇来临时，千万不要因为惧怕潜伏的危机而放弃人生发展的大好时机。

❖以淡定的心态面对危机❖

在我们的生活当中，风暴、危险随时都有可能发生，是否能够化解风险，不在于所发生危机的大小与强弱，而在于我们自己的心态素质如何。当危机发生，相继而生的是各种困厄对人生发展的围追堵截，是狂风暴雨对生活境遇的强度冲击，如果此时你惊慌失措或悲观绝望，那么你将要面临的唯一结局便是在危机的风暴中毁灭人生，与绚丽的成功背道而驰；唯有淡定者，才有可能乘风破浪，驶向成功的彼岸。

淡定，就是泰山压顶不弯腰的镇定心态与沉稳表现，这是一种沉稳老练的果敢气质的突现，也是一种积极平衡的乐观心态的体现。淡定是一种人生态度，更是一种生活勇气，是成大事者所必备的气度、风范、素质。淡定，更是人们从容不迫地应对危机困境所必备的心理素质，在危机来临时不能做到淡定自若的人，永远无法以最有效的方式寻找到化解危机的突破口，反而会使自己的情绪和心境在困境中越来越深地陷入痛苦，甚至会导致人生在危机处境中永远无法突破。

看过电影《十全九美》的朋友一定对“十全九美”的概念非常清楚吧？十全九美就是说，在人生境遇中，十全十美这样一种理想的生存状态只存在于美好的幻想之中，

心境
决定处境

真实的人生，十有八九是不如意的；危机与困境时常发生，不尽如人意之处如影随形，人要以"十全九美"这样一种淡定、豁达的心态去包容生活。电影《十全九美》中反复提到"淡定"一词，并以诙谐幽默的表演和感动人心的情感叙述向我们阐述了一个至关重要的人生哲理：以淡定的生活态度去对待生活，以淡定的心理状态去应对困境，唯有淡定自若之人才能享受生活，突破人生危机的困境之阻，收获真正的精彩人生。

从前有两个和尚，都一心成佛，虔诚地讲经修道，以向佛祖靠近。几十年后，佛祖被他们的虔诚打动，决定再给予他们一次最后的考验，通过考验者便可以到达西方佛祖圣地，永世成佛。于是，佛祖派观音大师前去通告这两个和尚，如果他们能够渡过西天之际的无边海域，便可以到达西天，参拜佛祖，接受封佛之礼。这两个和尚在得到这一消息之后兴奋至极，他们心想：自己几十年地讲经修道，终于可以修成正果，真是佛祖有眼啊！于是这两个和尚都分别收拾行装，从各自的寺院出发了。

在历经千难万险之后，他们开始了茫茫无期的渡海之旅。在茫茫海面上，这两个和尚相遇了，知道彼此都是要去西天参拜佛祖之后如遇知己，于是相互鼓励、结伴而行。他们各自驾驶着自己的小船，在苍茫大海中向西方航行。前半个月一直风平浪静、相安无事。可是在这个月的15日之夜，海面突然狂风大作，接着雷电轰鸣，暴雨倾盆，整个海面剧烈震动摇晃，风浪涌起数十米之高。面对这突如其来的风暴危机，两个和尚都惊呆了，他们怎么也没有想到会突然之间遭遇如此的风险。这时，一个和尚恐慌至极，大声喊着："佛祖啊，你要我去见你，可是这突如其来的灾难要让我葬身于此了啊！"他紧紧地抱住船桨，畏惧地缩成一团，一个海浪拍打过来，掀翻了他的小船，这个和尚便被海水吞入海底了。而另一个和尚，立即在惊慌中恢复了平静，他意识到继续航行下去，凭借自己的小木船是如何都无法与如此狂暴的风浪相抗衡的。于是他迅速解下桅杆上的绳子，将自己的身体和船底的一块木板绑在一起。同样，一个大浪打翻了他的小船，他便紧紧抱住这块木板在风浪的冲击中沉浮、漂浮。等到风平浪静之后，这个和尚发现自己已经漂到了岸边，耳边回荡着圣钟的声音，自己已经来到了佛祖圣地。

佛祖见到这个和尚，慈善地一笑，说："你已经通过了我的考验，现在我便封你为佛。只是我想知道你在暴风骤雨中心中在想些什么?”这个和尚听后回答说:“当时我被这突如其来的危机吓呆了,可是我立即就恢复了平静。因为我知道,惊慌与恐惧于事无补,反而会令我快速死亡。我必须要冷静下来,想出一个求生的办法,尽最大可能度过险境,见到佛祖。”

在这个故事中,两个和尚在应对危机时的不同心态导致了他们完全不同的命运:一个和尚因为在危机中惊慌、怯懦而葬身海底;另一个和尚因为在危机之中处变不惊,以淡定的心态应对危机风险,最终实现自己的一生的夙愿,修成正果。

在我们的生活当中,所处的情形就如同这两个和尚的拜佛之路一样,风暴、危险随时都有可能发生,是否能够化解风险,不在于所发生危机的大小与强弱,而在于我们自己的心态素质如何。当危机发生,相继而生的是各种困厄对人生发展的围追堵截,是狂风暴雨对生活境遇的强度冲击,如果此时你惊慌失措或悲观绝望,那么你所将要面临的唯一结局便是在危机的风暴中毁灭人生,与绚丽的成功背道而驰;唯有淡定者,才有可能乘风破浪,驶向成功的彼岸。

❖危机再大也不要失去希望❖

危机并不可怕,希望更不会在危机所引发的困境之中消失。只要你能够坚持不放弃希望,并善于发现新的希望,那么,你永远都不会成为生活的弃儿,永远都不会被各种人生危机所毁灭。一个人能否在危机境遇的打击中重新振作,不在于这场危机的冲击力有多大,而在于这个人是否具有新生的希望,是否能够依靠希望的指引和支撑坚强地走出人生低谷,重塑精彩人生。

希望,就是内心期盼达到某种目的或出现某种情况的一种欲望,它是人内心深处的一种渴望与精神寄托,是指引、推动人生向前发展的引航和动力。当一个人身处顺境之中时,生活中的希望是光明和美好,是一个人内心的幸福与快乐;当一个人身处逆境之中时,希望是在黑暗中指引黎明的启明星,是在人生风雨中引导人驶向梦想彼岸的灯塔。尤其是当一个人陷入突如其来的危机中时,希望则是给予人信念与勇气的能量源泉,是鼓舞人化解危机、走向未来的动力支撑。

一个心怀希望的人,无论在任何境遇中都能够看到前途和未来,即使面对再大的危机威胁与冲击,都无法摧毁奋斗的意志与勇气。因而,我们说,无论你面临怎样艰险的危机,都不要失去希望!唯有心怀希望者,才可以凭借希望的索引和支撑走向人生的成功,希望可以最大限度地发掘人的潜能,使人在危机所导致的困境中不放弃、不妥协,以顽强的毅力坚持、奋斗到成功的一刻。

行为学家曾经做过这样一个试验，用以测试希望在危机时刻所发挥的重大作用，这个试验是这样的：把两只大白鼠扔进一个装满白水的大容器里，这两只大白鼠在被扔进容器的时刻会拼命地挣扎，以求生存。一般情况下，它们的挣扎时间只维持8分钟左右。这是普通情况下两只大白鼠在困境之中的反应。

而后，行为学家将另外两只大白鼠放入同样一个装满白水的容器中，但是这一次在它们挣扎到5分钟左右的时候，行为学家们就在容器中放入了一个倾斜的可以爬行的跳板，这两只大白鼠借助这两个跳板成功地爬出了容器。之后，行为学家们再度将这两只大白鼠放入同样一个装满水的容器中，这一次他们没有在容器中放入任何跳板。可是，奇迹发生了，他们看到只能够在水中挣扎8分钟的大白鼠，这一次竟然在水中挣扎了24分钟之久！直到它们真的快挣扎不下去的时候，行为学家们才放入跳板，将两只大白鼠从容器中解救出来。

同样的装水容器，同样的危机环境，大白鼠能够坚持挣扎的时间会有如此的悬殊差距，关键在于：第一种情况下的两只大白鼠，没有经历过被救的过程，它们不知道自己还有“被救”这样一种生还的机会，所以在尝试着挣扎一会儿之后便感到无力支撑，没有了继续坚持的力量；而第二种情况下的两只大白鼠，在第一次落入容器中后经历了被救过程，因而它们知道，在同样的困境中自己还有生还的机会，所以在第二次被放入容器中时，它们一直拼命地挣扎，内心期待着跳板的出现，它们对跳板的等待与期盼支撑它们不停地努力挣扎。这两只大白鼠正是凭借着内心这种对求生所抱有的希望突破极限，坚持挣扎了24分钟之久。

在这个试验中，我们看到了希望所创造的奇迹，希望的力量以一种无可估计的强大能力支撑着被困者在困境之中挣扎、求生、获救。可见，希望是一种精神力量，在危机困境这种特殊境遇之中，希望的力量比之知识与智慧的力量更为强大，它就如同一副钢筋铁骨，支撑着人在强大的危机冲击中屹立不倒。

也许你会冷笑道：“希望的力量是对有希望之人才发挥作用的，我已经在危机中身陷绝境了，哪里还有希望而言呢？”如果你这样想，那就大错特错了，希望是自己内心的愿望与希翼，它是否存在，决定者是人本身，而非外界客观因素。一位著名作家

心境决定处境

曾经说："有一种东西是别人永远也偷不走的，这就是心中的希望。"这句话所启示的哲理就是：希望不会因为任何危机与困厄而消失，如果希望真的消失，那么除非是你自己主观上放弃了对希望的憧憬。因而，危机之中，希望是否存在，关键在于你是否具有一双发现希望的眼睛和一颗坚持希望的心。

有一位富翁因为一次决策失误，引发了企业危机，导致公司破产。在还清所有债务之后，他的别墅、汽车、资产都没有了，已经一无所有的他带领家人回到乡村老家去生活。在遭受这样的人生危机重创之后，这位富翁感觉人生希望渺茫，也曾几经风雨的他觉得自己这一次再也没有力量去突破危机所造成的困境，重塑成功辉煌了，于是他每天都很愁苦，可有一天他突然发现自己的儿子每天总是无忧无虑，在贫苦的生活中，他似乎比以前更快活了。

于是他忍不住问儿子说："爸爸因为决策失误，使你和妈妈跟着爸爸一起陷入如此困境之中，爸爸都不知道我们这一次是否还有化解危机的希望。你现在也没有办法像以前一样过舒适的日子了，你心里不感到难过吗？"十几岁的小儿子看着他说："爸爸，我们哪里没有希望呢？你看，以前我们家只养了一条狗，可是现在我们院子里有4条狗；以前我们家的花园中只有一个游泳池，可是现在我们家房前有一条小溪；以前我们家客厅里只有那几盏灯具，可是现在我们屋顶上拥有满天星星；爸爸，以前你只拥有一幢楼那样大的公司，可是现在你拥有一大片土地。爸爸，你不可以凭借这一大片土地建筑出新的公司吗？我们不可以凭借我们现在拥有的一切创造我们新的生活吗？"富翁听了儿子的话恍然大悟，原来随着危机一起破灭只是一种生活状态，而不是生活的希望，自己前几天之所以看不到新的希望，只是因为自己一直沉浸在痛苦之中，忘记了去观察生活现有状态之下的美好与生机。从这天起，希望又开始在这位富翁心中闪烁，他每天勤恳地劳动，3年以后成为这个乡村最富有的农场主，5年以后他在自己的土地上建筑了自己的工厂，8年以后他又重新创建了属于自己的公司，并重新成为知名的企业家。

可见，危机并不可怕，希望更不会在危机所引发的困境之中消失。只要你能够坚持不放弃希望，并善于发现新的希望，那么，你永远都不会成为生活的弃儿，永远都不会被各种人生危机所毁灭。一个人能否在危机境遇的打击中重新振作，不在于这场危机的冲击力有多大，而在于这个人是否具有新生的希望，是否能够依靠希望的指引和支撑坚强地走出人生低谷，重塑精彩人生。

❖每天都有阳光，就看我们的心态❖

当你身陷危机困境之中时，一定要铭记：每天都有阳光，就看我们的心态。你要懂得在困境之中平衡自己的心理情绪，转换自己的思维方式，以积极的阳光心态去审视境遇、阐释生活。

新东方总裁俞敏洪曾经在一次讲学中给学生们陈述了自己的“七句思想精神”，这七句话是这样的：“用理想和信念来支撑自己的精神；用平和和宽容来看待周围的人和事；用知识和技能来改善自己的生活；用理性和判断来避免人生的危机；用主动和关怀来赢得别人的友爱；用激情和毅力来实现自己的梦想；用严厉和冷酷来改正自己的缺点。”这七句话概括起来，其所阐述的就是一种积极的人生态度，俞敏洪将自己的这七句精神原则归纳为一句话：“勇敢地面对任何困境，保持乐观的心态，并坚持到底；勇敢地面对各种人生危机，以阳光心态去欣赏生活、感恩生活、享受生活。”

在人生之中，危机处处存在，在人生的旅途上，我们随时都有可能陷入危机所引发的挫折与失败、意外突变的痛苦与黑暗之中，此时的困境会让人感到阴影重重、阻碍重重，对未来和梦想看不到一丝希望之光，生活于瞬间失去了原有的色彩。但是，这所有的感觉都是人内心的主观认识而已，要知道，机遇与危机永远是伴生而存的，在人生境遇以如意的顺境为显性显示时，我们首先看到的是机遇，此时并不排除危机与风险的潜在存在；同样，当人生境遇以充满危机的逆境为显性显示时，我们首先看到的是风险与阻碍，但此时并不能排除机遇与希望的存在。简而言之，无论在怎样的艰难处境中，希望与光明都是永恒存在的，你是否能够在人生境遇的隐性潜藏中寻找到希望与光明，关键在于你是否具有在黑暗之中发现并捕捉光芒的积极心态。

在一个城市中，一连半个多月都持续阴雨，经常还会雷鸣大作，害得这个城市的居民每天都不能正常出行，连日常生活购物都成了困难。各个小区里都是一片抱怨声，大家都在忧虑地哀叹："太阳什么时候才能出来啊，这倒霉的阴雨天赶快结束吧。"

在一个小区的一户人家里，住着一对母女，母亲每日困在家中，简直快被这讨厌的阴雨天气折磨死了，最喜欢趴在窗子看阳光的她现在已经连望一眼窗外的兴趣都没有了，她在心里说："这讨厌的鬼天气再不结束，我就要忘记太阳的颜色了。"可是有一天，这位母亲突然发现，往日经常与自己一同趴在窗子上看阳光和窗外景致的女儿，每天依旧会饶有兴致地趴在窗台上向外观望。于是，她充满好奇地问："女儿呀，你兴趣勃勃地在窗子前观看什么呢？是在看雨吗？你是不是很喜欢雨呀？"这时女儿干脆地回答说："不是啊，妈妈，我不喜欢总是下雨，我是在看阳光呀！"妈妈听了后非常惊讶地说："可爱的女儿呀，哪里还有什么阳光呀，每天都是阴雨天，你瞧，现在外面不是还正在下雨吗？哎，太阳都多久没有出来过了啊！"谁知女儿肯定地说："妈妈，太阳每天都有出来过呀，您都没有见到它吗？它的光芒还是和以前一样好看，只是以前是照在蓝天白云里，现在是照在绵绵不断的雨里面了。妈妈，太阳真的是每天都到窗子前来过的，不然，我们现在怎么会是白天呢？"

听了女儿的话，这位母亲才恍然大悟，原来不是现在的生活没有阳光，而是自己每天只顾着看雨而忘记了看阳光！于是从这天起，她每天都兴致勃勃地和女儿一起看阳光，内心再也不为讨厌的阴雨天气而感到烦闷了。

这个故事告诉我们：生活之中每一天都有阳光，是否能够感受到阳光的温暖与光明，关键就在于我们是以什么样的心态来看待每一天。生活之中，当危机发生，给人的内心所带来的痛楚感是必然存在的，而一个真正懂得生活、能够正确对待人生的人，会尽可能地平衡自己的心态，以积极乐观的心理状态去接受生活、面对生活、挑战生活、享受生活。而不是在危机困境中一蹶不振、悲观度日，以消极心态去应对困境，之后使自己跌进更深的痛苦深渊。以积极心态去看待危机，就需要你能够在危机困境中转换思维角度与认识角度，以此减轻危机所造就的痛苦，发现困境所隐匿的希望。

有一个年轻人，靠着在夜总会吹萨克斯所赚取的微薄收入为生。他的收入不高，生活也不宽裕，但是天性乐观的他总是一副笑哈哈的样子。这个年轻人每天骑着自己的脚踏车去上班，休息的时候就骑着脚踏车去“兜风”，他经常感叹说：“要是我能拥有一辆车该多好啊！”听他这样说，朋友们便和他开玩笑说：“既然你没有钱买车，不如去买彩票吧，说不定你可以中奖呢。”听了朋友的话，这个年轻人果真去买了一张体育彩票，谁知道他这张用两元钱买来的彩票竟然中了大奖，得到了一大笔奖金。于是这个年轻人用这笔钱如愿以偿地买了一辆车，每天美滋滋地开着车子去上班、兜风。

可是天有不测风云，3个月之后，他的这辆车在一天夜里被盗了。得知这个消息，他的朋友想，这个如此爱车、好不容易才如愿以偿地买到这辆车的年轻人，在一夜之间失去了这辆价值几万元的车子，一定会痛苦死了。于是朋友们纷纷来劝慰他，对他说：“你千万不要太难过呀，车子丢了就丢了吧，你可不能为一辆丢了的车子而有什么三长两短啊！”谁知这个年轻人听后，笑着回答说：“我有什么好难过的呢，丢了一辆车子，我只不过是丢了两元钱而已啊。呵呵，以后凭我的本事，会到更大的夜总会去上班，说不定还能自己登台演出呢，到时我会赚到足够的钱，再买一辆好车的。”朋友们听了他的话，感到万分诧异，不过仔细一想，的确如此啊，这辆车子本来就是用一张两元钱的彩票换来的。

“丢失一辆两元钱的车子”，如果同样的事情发生在你身上，你会怎样去看待这辆车子的价值呢？其实决定这辆车子价值的不是车子本身的价位，也不是那张彩票的价值，而是你自己内心对这一“丢车”事件的认知，同样是一件痛苦的事情，当你换一个角度，以积极的心态去认知它，你所感受到的将是完全不同的体验，你所看到的将是完全不同的色彩。

因而，当你身陷危机困境之中时，一定要铭记：每天都有阳光，就看我们的心态。你要懂得在困境之中平衡自己的心理情绪，转换自己的思维方式，以积极的阳光心态去审视境遇、阐释生活。

❖学会化解危机，开出最美的花❖

无论在任何情况下，一个人都必须认识到，任何危机都是可以化解的，任何困境都是可以突破的，关键在于你是否掌握化解危机的智慧，是否拥有化解危机的胆识。只要你能够成功化解人生危机，你的梦想和人生便会绽放出最灿烂、最芬芳的花朵。

危机，在每个人的人生路途与奋斗道路上都会时时出现，每个人的人生，所经历的各种危机在某种程度上都是具有相似性的，因为人生危机不外乎是被分为事业危机、情感危机、健康危机、财富危机、自然灾害危机等几大方面。但纵观生活，我们可以看到，在相似的危机境遇中，被困境阻遏的人最终的命运之果却是截然不同的，这是为什么呢?为什么有人可以在各种潜在危机中，使自己的人生发展以如鱼得水之势勇往直前，而有人却在人生道路上时时受阻、寸步难行呢?为什么有人可以在危机爆发之后突破险境，并使自己的人生更上一层楼，而有人却在意外发生的危机中成为困境的俘虏，使自己的雄心壮志、美丽梦想就此破碎呢?

这其中的玄机便在于化解危机之道，能够成功化解危机之人自可以在最大范围内规避人生风险，即便危机真的发生，也可以使危机境遇成为历练自己的大熔炉，而非毁灭自己的绝境；但不懂得化解危机之人，自然会使危机境遇成为束缚自己人生发展的羁绊，使梦想的种子被扼杀于困境之中。因而，你要成为人生发展的最终赢家，你就必须学会如何去有效化解人生危机，唯有懂得化解危机之人，才可以使梦想的种子在困境之中破土而出，绽放出美丽的花朵。

学会化解人生危机，首先要懂得预测、防范潜在危机。海尔集团的董事长张瑞敏曾经说："前进之路如履薄冰，防范化解潜在危机是人类社会共同面对的重要课堂。"张瑞敏这句话启示我们：在社会生存发展中，一个人（以及一个企业）如果没有足够的危机意识，必然会被处处存在、随时而发的潜在危机所困扰乃至击毁。正所谓"人无远虑，必有近忧"，一个懂得成功之道的人，必然懂得以未雨绸缪、居安思危的清醒认知去预测一切皆有可能发生的危机，并对这些潜在危机防患于未然。古时候有这样一个关于防患于未然的哲理故事：

从前，有一家人建了一幢新房子，在新房竣工之后，这家主人非常高兴，于是邀请村子里的乡亲邻里来他家吃饭，以表示喜庆之意。在吃饭时，有一个朋友发现，这家人的新房子虽然建造得很不错，但他们家的厨房规划得却非常不科学。在这家的厨房中，土灶的烟囱砌得太直，并且在灶台旁边堆积了一大堆柴草，这样极易引起火灾。于是这个朋友就对主人说："我觉得你家的厨房应该再调整一下。你应该把烟囱砌得再弯曲一些，同时把这些柴草搬得远一些，这样才可以更好地规避火灾的发生。"主人听后，不以为然，并没有把朋友的话放在心上，一心只沉浸在建筑新房的喜悦之中。过了几天，他就把朋友的警告给忘得一干二净了。

一个月之后，他家真的因此发生了火灾，幸好邻里们及时赶到，帮助他们家一起救火，才在最短的时间内扑灭了大火，只烧毁了厨房里的一些用品，没有酿成大祸。在扑灭火灾之后，主人为了答谢大家的救火之恩，立即杀猪宰羊，摆下一桌酒宴，宴请大家。在酒宴上，主人频频向乡亲们道谢，并决定立即拔掉烟囱重新砌，把烟囱砌得再弯曲一些，再把厨房里灶台旁的柴草搬得远一些。这时乡亲们说："你不要谢我们，你最应该感谢的是为你想出这些防患火灾措施的朋友啊。如果没有他对你的那些忠告，你现在又怎么会知道如何去避免日后的火灾发生呢？想一想，如果你当初就听了他对你的劝告，哪里还有今天的火灾呢？”主人听后恍然大悟，立即赶去了这位朋友的家中，对他讲述了自己家中的经历，并对其千恩万谢。他的朋友听后，笑着说：“不用谢我，你意识到对厨房应该多加防范就好了，希望这件事能给你敲响一个警钟，其实，生活中有很多事情都是如此，你凡事都要有个预见性，这样才能最大限度地防范各种危机的发生啊。”

这个故事充分阐明了居安思危、防微杜渐的道理，对于生活中一切潜在的危机，无论是大是小，我们都应给予足够的警惕，做好预测和防范。

预测潜在危机，要求我们利用自己的主观认识、主观经验以及逻辑判断推理，依据客观环境和条件，对事物的未来走势进行预测；同时，要求我们利用客观事物之间所存在的因果关系、关联关系进行罗列整合分析，从中去判断客观事物的发展事态和可能出现的发展趋势；此外，我们需要对事物发展的内在动力和惯性趋势有一个清晰的把握和一个明确的认知，以此来把握事态的发展动向。在充分预测的基础上，我们所要做的就是根据客观实际情况采取相对应的防范措施，并要事先做好接受危机发生的心理准备，想好危机一旦发生的应对措施，尽一切可能地避免危机发生或将危机所造成的损失与痛苦最小化。

学会化解人生危机，在积极预测、增强危机防范意识的同时，还要学会从容不迫、应对自如地去化解已经发生的危机。即在危机境遇中要做到以超凡的信念、毅力、智慧去面对已经发生的危机，勇敢地走出人生困境。在前面，我们所讲述到的正确认识处处存在的人生危机、在危机之中不放弃希望、以积极心态和阳光心态去应对危机，都属于在危机境遇中正确化解危机的必备要求和条件。除此之外，要想在危机境遇中成功破除困境阻碍，还必须具有坚强的意志和智慧的思维，能在危机境遇中充分发挥自己的才干、胆识、魄力，最大限度地发掘自己的潜在能力。

无论在任何情况下，一个人都必须认识到，任何危机都是可以化解的，任何困境都是可以突破的，关键在于你是否掌握化解危机的智慧，是否拥有化解危机的胆识。只要你能够成功化解人生危机，你的梦想和人生便会绽放出最灿烂的花朵。

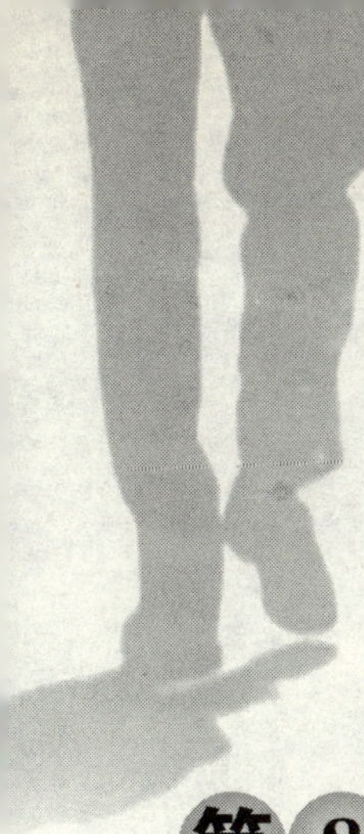

第8辑

面对磨难，

要有“梅花香自苦寒来”的隐忍心态

逆境压迫，与其说是一种挫折磨难，倒不如说是一种成功前的磨砺，有道是：“宝剑锋从磨砺出，梅花香自苦寒来。”不经历逆境和压迫，就不能磨砺自己，让自己的各个方面在磨砺中提高。当我们在面对逆境压迫的时候，需要一种隐忍的心态，坚信“吃得苦中苦，方为人上人”的道理，在隐忍中磨砺自己、完善自己、成就自己。

要学会在压迫中忍耐

逆境中的忍耐，是我们心理和意志上的根基，是我们走进社会之后的力量源泉。只有在经历了最黑暗的黎明之后，我们才能迎来光明；只有经历了严寒的冬天之后，我们才能理解春天的温暖；叶落了才能再次萌生出新芽，花凋了，才会收获最后的果实。

我们的一生，总会遇到了一些让我们觉得难以忍受的事情，这些各种各样的事，不是贫穷，不是疾病，不是我们准备迎接的种种，而是突如其来的逆境压迫，是那些外界环境强加在我们头上的苦难和桎梏。这些逆境压迫，有时候表现为别人对我们的歧视和偏见，有时候表现为别人对我们的讽刺和欺辱，有时候则是从天而将的灾难和不期而遇的横祸。

面对这种逆境压迫，意志薄弱的人心灰意冷，把信心之火熄灭，甚至把生命也丢弃了，使自己的人生之路走到了一个自己设定的尽头，将自己淹没在这种逆境压迫之中；而那些意志坚强的人们，则会让自己在这种压迫下顽强地生存，勇敢地面对，能够理智地忍耐那些别人眼中最难忍受的耻辱，将这种耻辱踩在脚下，在忍受住别人不能忍受的事情中，找到一条属于自己的出路，一路拼杀出来，最终做出一番别人难以想象的事业。

有的人把这种逆境中的忍耐看成是一种性格上的懦弱，一种委屈自己的无原则的退让，甚至是一种不敢面对现实的逃避，但实际上，这种逆境中的忍让，在某些时候则是一种隐形的刚强，是一种淡然中的坚守，是一种退一步进百步的暂时策略。有句话说得好：忍一时风平浪静，退一步海阔天空。就像郑板桥笔下的绿竹，扎根在岩缝之中，忍受着风吹雨打，与天同在，与时俱进。“咬定青山不放松，立根原在破岩中。千磨万击还坚劲，任尔东西南北风。”任逆境怎么无情地压迫，任风雨怎样肆虐地吹打，依旧坚强如磐石，在忍耐中成就自己的事业。

这种逆境中的忍耐，是我们心理和意志上的根基，是我们走进社会之后的力量源泉。只有在经历了黎明前最黑暗的时刻，我们才能迎来光明；只有经历了严寒的冬天之后，我们才能理解春天的温暖；叶落了才能再次萌生出新芽，花凋了，才会收获最后的果实。这一切都说明，我们的生命需要忍耐，要永远相信，忍耐之后的生命会给予我们一张甜美的笑脸。我们在生活和事业当中最辉煌的时候，不是在实现理想之后，也不是在接过那代表荣誉的奖杯之时，而是在实现理想之前，在逆境的压迫之下忍耐之时。

这种逆境中的忍耐，把我们身上的痛苦弱化，把我们心中的仇恨消融，显示出了我们健全的人格和理性的思维，展示出了我们忍辱负重的度量和韧性。拥有这种度量和韧性，我们才能有能力、有智慧去面对眼前的逆境和压迫。

这是一个猎人熬鹰的故事。对老鹰这种本性高傲、崇尚自由的动物来说，熬鹰无疑是一次逆境中的压迫，是一次肉体和心灵全方位的打击，但凡亲眼看到过熬鹰的人，无不为那种惨烈的场景所震撼。一只刚刚成年的老鹰，尽管有着尖锐的目光和铁一般的羽毛，但它那锋锐的爪子却被一条铁链拴住了。在熬鹰的第一天，猎人会在这只老鹰的周围密布绳索，在绳索上挂着它爱吃的鲜嫩的羊肉和清水，高傲的老鹰对此都不屑一顾。这只高傲的老鹰，在不慎被猎人设下的机关捉住的时候，就表现出暴烈的个性，用它那两只锋利的爪子，不停地抓挠着束缚住它的铁链，弄出一阵阵“哗哗”的声响，嘴里发出一阵阵的悲鸣。

猎人就站在绳索织就的网外冷笑，那只老鹰一次次扑向猎人，又一次次地被腿上拴着的铁链拉回，就在这样一次次没有效果的攻击中，老鹰把自己的体力一点点地耗尽了。夜幕紧紧地落下，寒冷的风阵阵地袭来，猎人在旁边燃起了篝火取暖。在红色的火焰映照下，老鹰的两只眼睛变成了血红，不怀好意地怒视着猎人。猎人的眼睛也是血红血红的，一眨不眨地和老鹰对视着。第二天，当清晨的阳光刚刚把老鹰灰色的羽毛染成鲜红色的时候，它更加急躁和愤怒了，因为经过一天的抗争，滴水未尽的它已经感到隐隐的饥饿了。猎人又把新鲜的羊羔肉挂在老鹰的眼前，它急红了眼，凶猛地扇起了宽大的翅膀，猛地扑向猎人的手。猎人虽然早有准备，急忙缩回，但还是被老鹰那强劲的翅膀扫了一下，手火辣辣地疼。老鹰对嘴边的嫩肉还是视而不见，只是一个劲地用铁钩般的嘴啄击脚下的铁链，哗啦哗啦，发出刺耳的声响。老鹰铁钩般的嘴，也禁不住这么坚硬的铁，开始流出鲜红的血。但是它好像不知道什么叫做疼痛，一个劲地啄个不停。血就这样一个劲地滴落着，染红了老鹰脚下的那条铁链。又是一整夜的对峙。转眼间，两天的时间就过去了，在这样的对峙中，老鹰的野性和高傲一点点地被磨掉了，它的意志也越来越弱，开始对眼前的猎人产生了敬畏之情。在夜色中，猎人透过老鹰的眼睛，感觉到了它身上的变化，但是他却一点也不敢放松，生怕因为自己的松懈使得即将到来的成功毁于一旦。

当第三天的太阳慢慢地升起来的时候，老鹰的嘴上已经结满了血痂，眼中的戾气消失得无影无踪了，明显瘦弱的身躯仿佛没有了一点点的力量，再也拖不动脚下的铁链了，两只曾经如利剑般的眼睛也没有了光彩，时不时地眯起来，似乎随时都能够睡着。猎人就捡起一条枯枝，一下一下地撩拨它，几天都没有入睡的老鹰又被激起了怒气，但是却没有先前的锐气了。它嘶哑地叫着，无力地拍着翅膀，没有了王者的霸气，无奈和悲伤凝聚在周围。身上的羽毛被风刮得凌乱不堪，一点光泽也没有了，再也没有一点昔日那种唯我独尊的模样——它在身体和精神上都开始崩溃了。又过了一天，夜幕悄悄地降临，老鹰开始慢慢地移动，它感到无助和孤独，猎人走进绳索围起来的网中，将它抱在怀里，抚摸它的头，它不再挣扎，眼睛里透出了温顺，这时候，猎人再次将鲜嫩的羊肉托起来，它迅速地一块块地吃起来。这样，一只猎鹰也就熬出来了。

像老鹰这样，在抗争无望的时候学会忍耐，也是一种生存的方法。与其高傲地死掉，不如暂时忍耐，为日后更好地活着而积蓄力量。

❖感谢你的竞争对手❖

面对竞争对手，我们应该怎么对待他们呢？这取决于人们各自对待人生的看法。有的人希望自己的人生能够一帆风顺，没有什么艰难险阻，没有什么不利的因素。有的人恨不得把阻碍自己前进的对手打败，把自己所有的精力都放在竞争对手身上。这样做的一个直接的后果就是，不但没有战胜对手，自己反而被打得一败涂地。那么，我们应该以什么样的观点来看待这个问题呢？

在我们大多数人眼里，竞争对手可能是非常不容忽略的一个存在了，更别说要感谢他们了。害怕被竞争对手超越，被远远地甩在身后，所以，大多人都憎恨竞争对手，不愿意在生活和工作中碰到所谓的竞争对手。但是，仔细想来，人的一生中怎么可能没有任何的竞争对手呢？

竞争对手是什么？我们可以想象一下，在我们人生的大路上，都会碰到所谓的势均力敌的对手，这就是所谓的竞争对手吧，在实力上没有太大的差距，任何一方都有可能超越另一方。对一般人来说，竞争对手是讨厌的，因为有了他们的存在，就有可能会影响到自己的成功和面前的荣誉。这种结果是人们都不愿意看到的，也是不能容忍的，每个有上进心的人，都不会允许这样的竞争对手抢走自己的利益。所以，但凡和我们争夺利益的人，我们都可以把他们称为竞争对手。

那么，面对竞争对手，我们应该怎么对待他们呢？这取决于人们各自对待人生的看法。有的人恨不得自己的人生能够一帆风顺，没有什么艰难险阻，没有什么不利的因素。有的人恨不得把阻碍自己前进的对手碎尸万段，把自己所有的精力都放在了竞争对手身上。这样做的一个直接的后果就是，不但没有战胜对手，而且，自己反而被打得一败涂地。那么，我们应该以什么样的观点来看待这个问题呢？

有了竞争对手，这并不是人们所希望看到的，但也不是能够随着人的意志转移的。可以肯定的是，这个世界上，没有一个人希望自己有数不过来的竞争对手，但是，这些对手的出现，往往是我们不能控制的。成功的人都有这种体会，在某个悠闲的时候，回忆自己曾经的经历，总会感慨自己遇到的困难和对手，也正是这些苦难和对手被克服之后，才会坚定了那份走向胜利的信心。从这个意义上来说，竞争对手对我们来说，是压力，也是鞭策我们向前的动力。在生活和工作当中，竞争对手给我们带来的压力越大，我们被激发出来的动力就越大。从这一点上看，我们和竞争对手之间，是一种对立，也是一种那个某种意义上的统一关系，既相互统一又互相排斥，既相互压制又互相刺激。比方说在体育的竞技场上，没有了比赛的对手，也就没有了向前的动力和活力。我们每个人都渴望成功，渴望实现自己的理想，但是，实现心中的理想，并不是一天或者几天就能完成的事情，这需要不断地探索和坚定不移的意志做支撑，需要不断地创新，更需要以长远的眼光果断地判断形势，而不仅仅是只看到眼前的一点利益。在我们的生活和学习中，谁都可能遇到竞争对手，每个人都盼望着击败对手，盼望着超越他们，但是不管我们是否能够实现，都不要忘记感谢我们的竞争对手，因为没有他和我们一起追逐和攀登，没有他和我们在竞技场上一起较量和厮打，我们就腾飞不起来。

李辉走的那天，小王长吁一口气。告别晚会上，小王频频向李辉敬酒，频频祝他在新的职位上大展鸿图，一帆风顺，并为他唱了大家在一起曾爱唱的《爱拼才会赢》、《真心英雄》、《朋友》，亲热得像生死离别，再也见不着面似的。其实小王心里早就巴不得他走。因为只有只有李辉走后，小王的方案、创意再也不会在经办会上压上几天，让上级领导难以决断到底是用小王的还是用李辉的。

这几天，小王一直在反反复复地思考，常常不禁想起那个曾与他一起并肩工作的600多个日日夜夜的哥们儿。大学毕业初来时，他们两人都分在宣传策划部，李辉是那样霸气，一付唯我独尊的样子；而小王，是那样的傲气，一种舍我其谁的神态。

经理让他们两人轮流各负责一期宣传策划。李辉做时总是一幅居高临下的样子，用不容置疑的口吻告诉摄像怎么拍、配音怎么配、剪辑怎么剪。第一期做出来了，让人感到耳目一新，显得大气、流畅，很受好评。第二期轮到小王做时，为了刻意表现与李辉的不同，小王不仅在思路上而且在工作方法上也坚决与李辉不一样。小王一改往日的傲气，与哥们儿、姐们儿打成一片，充分听取他们的意见，有时外来人竟分不清谁是这个项目的主管。小王专门设计了典雅的片头与片尾，配上古典音乐，显得是那么高贵、优雅，好评如潮，顺理成章地盖过了第一期。第三期，李辉又专门用电视散文的形式，用清晨特有的那种带着露珠、晨曦的清新气息，再配上穿着一袭白纱裙的清纯少女，增加了片子的灵气，一下了把人们的目光吸引到他那里。而小王在第四期，更是别出心裁，带上哥们儿上高山、下大坝，拍出了线条简练、优美而以忧郁为主色调的MTV，一下子在圈内引起了小小的轰动。

就这样一期一期，他们比着、赛着，一期比一期优美，一期比一期精彩，直到他们都成了宣传策划部的部门主管（别的部门都是一个，而他们是两个），他们仍这样比着。为了不被比下去，李辉与小王都成了工作狂，一天工作近16个小时，从没有礼拜六、礼拜天，也没节假日。表面上，有外人在场时，勾肩搭背，亲热得像兄弟一样；而私下里，虽然在一个办公室里，李辉却很少和小王说话，而小王也从不用正眼瞧李辉。

但李辉走了快一个月了，小王却怎么总是紧张不起来，怎么也不能再像从前一样思如泉涌，再也找不到那种感觉了，直到那天总经理找他，总经理对小王说："人生不能没有对手，正是李辉让你更加努力、更加干练、更加出色，使你不断成长、成熟直到富有成就。"

也就是在那天，董事会决定让小王到总部报道；同样是在那天，小王收到了李辉的一封充满感激的信。

面对我们的竞争对手，我们要有坚强的意志，只有这样，我们才能经受住对手的考验。在生活和事业当中，我们要积极地发挥自己的主观能动性，通过自己主观上的努力，扬长避短，努力地缩小我们和别人之间的差距，做一个后来居上者。所以，我们在平时的生活和工作中一定要注意学习和积累知识，不断地锻炼自己的意志，让自己形成坚定的思想意志和顽强的拼搏精神。只有这样，当我们在面对竞争对手的时候，才能自信地应对，在和他们的交手中不断地完善自己，成就自己。

所以，让我们用一颗真诚的心，感谢我们面前的竞争对手吧！

❖感谢那个对你苛刻的上司❖

上司的苛刻，正好激起了我们心中的不屈，也因为这种不屈，我们投入到工作中的精力就会更加充沛，心思也会比别人多得多。这样，我们就进步得很快，尽快地成熟得起来。所以，我们必须感谢这些苛刻对待我们的上司，因为他们的苛刻，让我们做起事情来更加的有激情、有动力，也变得小心谨慎起来，不再是曾经的那个马大哈了。

有研究证明，过于严苛的上司，会使下属患上抑郁症的几率比常人高出 4 到 6 倍。在我们的周围，在工作中受到上司的刁难和批评过多的现象也经常能遇到，这导致了很多的人埋怨这些过于苛刻的上司，认为他们无情、冷血，其实，面对苛刻的上司，我们应该感谢他们。在我们的工作中，确实会遇到那种比较苛刻的上司，他们往往会自以为是，在公司对待下属很蛮横，粗暴无礼地指责下属。这种上司常常会给我们带来非常大的压力，如果我们办的事情合乎他们的心意，那么他们就会表扬我们；

反之他们则会大声地训斥甚至是破口大骂。这种上司往往很吝啬口头上的赞扬和物质上的奖励。而且，他们的性格也往往会喜怒无常，善于玩弄权谋，或者尖酸刻薄，或者以上几项兼而有之。

但是，上面提到的这种上司毕竟是少数，在正规向上的公司里，这种人的发展空间往往会很小。我们通常遇到的苛刻上司，往往是指那些要求比较严格的上司。和这种要求比较严格的上司相处，其实方法有两种，一种是我们像别人一样，不停地在背后指责他们、抱怨他们，希望他们赶紧从我们的身边离开，后者是在心里暗暗地排斥和反抗，诅咒他们赶快感冒发烧、生病、受阻等等。但是，除了这种方法之外，我们也可以采取另外的一种办法，虽然比较困难，但是行之有效，那就是在苛刻的上司身上找到我们欣赏的优点。

许多年前，小王曾经打算写一本书，但是他碰到了一个非常苛刻的编辑。小王写的厚厚的书稿，被挑剔的一无是处，人也经常被批评。小王火热的心仿佛一下子被浇灭了，正在他为难之际，他的一个朋友问了一个对他来说非常重要的问题："你有没有想过，这样一个苛刻的编辑，或许正好能把你从以前陶然的状态中推出来，把你从习惯的舒适状态中拉出来，让你的写作能力再上一个新的台阶呢？"听了朋友的这番话，直到那一刻，小王才想明白，原来苛刻也是一种激励。小王回想了一下他的工作经历和生涯，发现正是先前的一个苛刻的领导把他写作的潜力给激发了出来，让他从那以后不断地提高。不管是小王的写作风格，还是写作的动力，或者是演讲的口才甚至是运用新科技的能力，都是被这些苛刻的人给逼出来的、激发出来的。

所以，我们要了解一个苛刻的上司对我们的影响，不管是正面的，还是负面的。这种影响，使我们的一生，尤其是在事业上变得积极起来，变得完美了许多，也变得容易了许多。很多人都有一种与生俱来的防卫心理，担心着会在遇到这些苛刻的上司的时候，遭受到什么羞辱，丢掉了做人的尊严。其实，我们没必要用这样的心理来面对苛刻的上司，我们应该敞开我们的心胸，接受他们将要给予我们的教训，而不要主观地认为，那些让人受不了的言语和态度是仅仅针对着我们来的。要是这样想，我们就会觉得，这样的结果也不错。因为我们在面对苛刻的上司的时候，再也不用像以前那样紧张彷徨了，再也不需要时刻绷紧心中的弦，时刻做好自我防卫的准备了。所以，苛刻的上司也很容易相处，大家要明白，之所以会对苛刻的上司反应激烈，只是因为我们觉得他们很难缠，态度不好而已。在面对苛刻的上司的时候，我们要以开放的心胸面对所有的问题，这样我们才能在这种苛刻的管理之下学会更多的东西，自己也能够更加地轻松。

曾经看过一篇名为《上司不是用来被喜欢》的文章，里面有这么一段话特别值得回味：很多年前，她碰到的第一个上司很温和、很随意，对待下属往往睁只眼、闭只眼，她喜欢这样的上司。但是她在这个公司工作的几年里，错过了很多的机会。第二个上司则很苛刻，还是个坏脾气，动不动就大声训斥她，她不知道他什么时候会发脾气，她做的工作也很少能让上司满意，不管她做的再好再完美，到了苛刻上司那里，一定能够被他从里面找出一大堆不足的地方。这让她感觉在上司的眼里，自己所做的一切都是那么的不完善。但是在这个上司的高压下，她却学会了很多的东西，一直到现在，她还对这个上司心存感激。

上司的苛刻和挑剔，有着做领导的一种习惯，但更多的却是源于我们工作中的不足。苛刻的上司会让我们仔细地对待我们的工作，有些事情，都是"仁者见仁，智者见智"，我们都不是上司肚子里的蛔虫，怎么知道他们是怎么想的呢？但是这种苛刻，正好激起了我们心中的不屈，也因为这种不屈，我们投入到工作中的精力就会更加充沛，心思也会比别人多得多。这样，我们就进步得很快，尽快地成熟起来。所以，我们必须感谢这些苛刻对待我们的上司，因为他们的苛刻，让我们做起事情来更加的有激情、有动力，也变得小心谨慎起来，不再是曾经的那个马大哈了。

❖精英大多在逆境与隐忍中产生❖

我们可以观察一个精英的创业经历,假设他们在受到羞辱的时候真的不干了,那么,现在的伟业也就不存在了,他们也不会成为千万甚至亿万富翁,不会成为一个千万人眼中的精英。所以说,精英都是在逆境与隐忍中产生的,没有一个人的事业会一帆风顺,碰到了逆境,我们就要隐忍,积蓄力量,等待时机,这才是最好的方法。

纵观古今中外那些成就了大业、实现了自己理想的精英们,大多都是在逆境与隐忍中产生的。对他们来说,逆境中的隐忍是成就自己事业和实现自己理想不可或缺的基本素质。我国古代的大思想家孟子曾经说过这样的话:“天将降大任于斯人也,必先苦其心志,劳其筋骨,饿其体肤,空乏其身。”能够在逆境中隐忍,吃别人不能吃的苦,受别人不能受的罪,忍别人不能忍的辱,这也是一种能力,是一种精英们在拼搏当中学会的一种本领。俗话说得好,忍一时之气,成一生大业。成就了大事业大学问的精英们,大多对此深有同感。

三国鼎立的时候,刘备不顾手下大臣的反对,执意要出兵攻打吴国,为关羽报仇雪恨,并把失去的战略要地荆州一起夺回来。东吴国主孙权派人求和,被刘备拒绝了,迫于形势,孙权任命只有38岁的陆逊为大都督,率领精兵5万人马前往迎战。那个时候,刘备带着几十万大军水路并进,声势极为浩大,大军到达夷陵这个地方的时候，沿着长江的南岸，一下子扎下了几十处兵营，占据了好几百里的土地。陆逊眼见蜀军气势高涨，又占据着有利的地势，所以就坚守大营，不和蜀军正面交锋。就在这个时候，东吴的另一支军队被蜀军包围了起来，请求陆逊赶快增援。但是陆逊不肯增兵去解围，他对手下的将领说，那里的城墙非常的坚固，里面也有充足的粮草，等到我这里的计谋实现的时候，那里的围困自然也就解除了。但是那些将领们见陆逊既不去救援友军，也不开营攻击面前的蜀军，以为陆逊胆小怕死，所以心里都很气忿，瞧不起他，都很抵触陆逊的指挥。这种情况下，陆逊召集了手下的将领开会，手里拿出孙权赐给的宝剑，对众将领说："蜀国的刘备天下闻名，连曹操都忌惮他三分。现在他带着大军来攻打我们，我们应该把他当做劲敌来看待。希望各位将领能以大局为重，同心抗敌，共同把来犯的蜀军消灭掉，以报答国家。我虽然是个书生，但是既然国主任命我为大都督，统帅军队，那么我就会恪尽职守。主公任命了我，就证明我还是有可取之处的，能够受得了委屈，能够承受得住重托。军令如山，不听命令的是要按军法处置的，大家切记！"陆逊的这一番发自肺腑的话，一下子就把手下的将领震慑住了，从此，谁也不敢再不听从他的命令了。陆逊打定了主意，坚守大营，坚决不迎战，就这样一下子拖了七八个月的时间。后来等到蜀军懈怠下来，他抓住了时机，利用火攻的计策，顺风放火，取得了最终的胜利。刘备仓皇逃跑到了白帝城，一病不起。陆逊的隐忍，成就了中国历史上的一次经典战役，让他跻身于军事精英的行列。

古代的精英们隐忍的故事数不胜数。到了现代，随着社会竞争的日趋激烈，人们想要到达成功的彼岸，所要付出的努力必不可少，但这种在逆境中隐忍的能力，却是同样不可缺少的。

新东方的创始人俞敏洪，是身家亿万、白手起家的楷模。大家都只看到了他现在的风光无限，忽略了他成功之前的那种经历。有哪个人知道，他在成功之前，付出了什么样的代价，遭遇到了怎样的逆境压迫呢？他忍受了那种别人不能忍受的屈辱和痛苦，才获得了现在的成就。在俞敏洪刚刚创办新东方的时候，碰到了一个突发事件，他们学校的一个员工，在外出张贴招生广告的时候，被竞争对手用刀子给捅伤了。那时候的俞敏洪才意识到，自己出来在社会上"混"，怎么着也要结识几个警察，这样碰到事情的时候才有个依靠。但是，想归想，但是没有什么途径。最后，通过报案的途径，认识了一个警察，又通过这个警察，把刑警大队的政委约了出来一起吃饭。那个时候，他一下子在兜里装了差不多大部分的家当——3000块钱，走进了一家非常豪华的大酒店。在北京的十几年，这是他第一次进这么好的饭店，他也不熟悉这种请客的场面，不知道怎么和人家交流才好。面对政委，他有点找不着话题，心里非常的尴尬和恐惧，所以只好埋头喝酒。劝人家喝，自己就得先喝，而且是光喝酒不吃菜，喝着喝着，俞洪敏就失去了知觉，从椅子上溜到了桌子底下去了。学校的老师和同桌的警察，赶忙把他送到了医院，在急诊室里抢救了两个多小时，这才活了过来。医院的医生说，要是换了别人，就活不过来了，喝了一瓶半的高度五粮液，这么个喝法，谁能受得了？俞敏洪醒过来说的第一句话就是："我不干了！"学校的老师背着他回家，走了一个多小时，他哭了一个多小时，边哭边撕心裂肺地喊："我不干了！再也不干了！把学校关了！把学校关了！我不干了！……"那个时候，俞敏洪一定感到特别的痛苦和无助吧，破旧的办公室，寥寥无几的学生，没有几个老师，也没有能力应付社会上这种错综复杂的情况。他就这样不停地哭着喊着，把周围的人都吓得发慌了。但是，等到第二天，他仍硬着头皮接着干，仍旧像以前一样，挎着破旧的书包，给学生们上课去了。

我们可以想象一下，假如俞敏洪当年真的不干了，那么，现在的新东方也就不存在了吧，他也不会成为一个亿万富翁，不会成为一个千万人眼中的精英了。所以说，精英都是在逆境隐忍中产生的，没有一个人的事业会 帆风顺，碰到了逆境，我们就要隐忍，积蓄力量，等待时机，这才是最好的方法。

隐忍不是默然和安静

隐忍不是默然和安静，而是在条件不具备之时积蓄力量，等待爆发的时机。忍耐中的默然和安静，是爆发的动力。俗话说："吃得苦中苦，方为人上人。"要想成就一番事业，必须能够吃苦，必须观察时机，等待机会，是不能着急上火的。隐忍是一种勇敢的承担，是一种理智的处理，是一种爆发的积蓄。

我们常说的隐忍，顾名思义，就是隐藏与忍耐，隐藏我们心中的愤怒和不平，忍受别人的压迫和嘲弄，以及一切对自己受到了伤害而对方并不曾理解的事情。隐忍并不是那种别人眼里的懦弱，也不是屈从了别人的淫威和命运的压迫，更不是自欺欺人的麻痹和顺从自然的安静默然。隐忍是对逆境压迫的一种不屑一顾，是心胸开阔，处世大度的一种表现，更是一种"吃得苦中苦，方为人上人"的志气。

但是这种隐忍，往往被一些人认为是一种无能的表现，理解成是一种任人宰割的状态，其实，所谓的"无能"和"懦弱可欺"，是先前的压迫还没有触动到他们的底线，远远没有达到让他们奋起反抗的程度。人去忍受逆境的压迫，做自己不愿意做的事情，是需要很大的勇气的，毕竟人要在自己的权利无法受到保护，利益无法受到维护，而自身又受到种种客观和主观条件上的制约的情况下，人才去忍受自己不情愿接受的环境和结果。

隐忍不是默然和安静，而是在恶劣的环境中潜伏，为了将来更好地活着。

历史上非常有名气的韩信，小的时候无父无母，只能靠着自己到小河里面抓鱼维持着生活，饥一顿饱一顿，生活得非常艰难。周围的人们常常故意刁难他、歧视他，有一次，韩信在河边捕鱼，遇到一群恶少，当面羞辱他。有一个屠夫对韩信说：小子，虽然你长得虎背熊腰，又喜欢带着刀和剑，其实你胆小得很，是个彻头彻尾的胆小鬼。你要是真有本事和胆量的话，你敢用你身上的那把剑来刺我吗？如果你胆小不敢，那就从我的裤裆里钻过去。韩信一个人形单影只，假如和这群人硬碰硬地对着干，一定会吃大亏的。所以，他便当着周围那些人的面，从那个屠夫的裤裆里钻了过去。这就是历史上有名的"胯下之辱"的故事。

韩信并不是胆怯，而是睿智地意识到了整个局面对他的不利之处，硬拼肯定是吃亏的事情。钻人家的裤裆虽然是一件很丢脸的事情，但是按照当时的情景，韩信并没有什么选择的余地。我们可以站在韩信的角度上仔细地想一想，假如他不钻的话，就会出现两个结果：一是他把那个挑衅侮辱他的屠夫杀了，虽然暂时赢得了胜利，但是随后呢？从此历史上也没有了韩信这个人，因为杀人要偿命啊，因为他杀了那个屠夫，所以他最终还是逃脱不了法律的制裁；另一个结果是什么呢？就是韩信被那个屠夫杀了，杀不了人家只有被杀的结果，历史上从此也没有了韩信的踪影。不管是哪个结果，历史都将改写。韩信之所以能够在中国的历史上广为流传，不仅仅是因为他帮助刘邦成就了莫大的基业，还因为他能够忍耐，并在这看似耻辱的忍耐中看到未来的曙光，心中永远装着远大的理想。后来有种说法，韩信在功成名就之后，找到了那个曾经让他钻裤裆的屠夫，屠夫害怕得要死，以为韩信会记恨他，找他报仇雪恨。但是令他没想到的是，韩信却对这个屠夫很好，他对这个人说，假如没有曾经的"胯下之辱"，就没有现在的韩信。

隐忍不是默然和安静，而是在条件不具备之时积蓄力量，等待爆发的时机。忍耐中的默然和安静，是爆发的动力。俗话说："吃得苦中苦，方为人上人。"要想成就一番事业，必须能够吃苦，必须观察时机，等待机会，是不能着急上火的。隐忍是一种勇敢的承担，是一种理智的处理，是一种爆发的积蓄。很多成就大事的人，都是在隐忍中爆发的，他们的人生中大多经历了很多的失败或者耻辱，但是他们却在隐忍中愈挫愈勇，最终抓住了机会，取得了成功。所以，梦想着理想一蹴而是不现实的，遭受到逆境，颓丧或者硬拼也是不明智的，与其那样，不如在逆境中忍耐、积蓄，一旦时机成熟，成功也定会来到我们的面前。

隐忍需要一个人有崇高的修养，也需要一个人有莫大的度量，能够在逆境中忍辱负重，则是一种人生中的极高的境界。大家都知道，汉字中的这个“忍”字，是心头上悬着一把锋利的刀，人要隐忍，就是要让自己学会这种利刃悬心头而心不惊的平静和勇气。古人能在逆境中忍受杀父之仇和夺妻之恨，忍受胯下之辱和宫刑之耻，司马迁要是忍受不了宫刑，怎么能写出后来的伟大著作《史记》呢?怎么能爆发出那么长久的力量，把自己投入到历史的长河之中呢?

春秋战国的时候，吴王阖闾率兵大举进攻越国，但是出师不利，不仅没有把越国打败，自己反而受了重伤死掉了。过了两年，他的儿子夫差再次率兵攻打越国，把越国打得大败，攻破了越国的都城，越国的国王勾践被押送到吴国做了奴隶。勾践在吴国受尽了屈辱，但他都隐忍下来了，就这样过了3年，吴王夫差才慢慢地消除了对勾践的戒心，放他回到了越国。实际上，勾践虽然在表面上服从，但内心里一直没有放弃复仇的决心，他在暗地里训练军队，变法强国，等待着反攻吴国的时机。勾践深知苦难能够磨砺人的意志，享乐反而会消磨人的决心，所以他对自己要求得非常严酷，安排自己过着非常艰苦的日子。他睡觉的床上铺着稻草，从来不用软软舒适的棉被，又在屋顶上挂了一只苦胆，在他不知道什么是苦味的时候尝一尝，就不会忘记在吴国的3年所受到的耻辱。最后，勾践终于等到了机会，率兵灭掉了吴国。

隐忍不是默然和安静，是生存、是积蓄、是潜伏，更是爆发的前奏！要学会在逆境压迫下忍耐，永远不要放弃那颗拼搏的心！

经历逆境压迫，才能促使你不断超越

为什么这个世界上有些人就会比另外的一些人更加成功，更加会挣钱呢？他们拥有不错的工作，拥有良好的人际关系，整天被欢乐所包围，或者拥有高品位的生活，不管人生中的哪个方面，似乎都比别人过得好。而许多人忙忙碌碌地劳作却只能维持生计。其实，人与人之间并没有多大的区别。但为什么有人能够获得成功，能够克服万难去建功立业，有些人却不行？因为他们经受住了逆境的压迫，在不断地超越中才取得了人生的成功。

一个没有经历逆境压迫的人，本身就是一个不完整的人。人只有经历了逆境的压迫，才会拥有平常人身上不能具有的品质和能力，才能获得不断超越自己的力量。那么，为什么经历逆境压迫，我们就能不断地超越自己呢？

逆境中的压迫，让我们懂得了什么才是自己的人生目标，磨砺了我们的意志，坚定了我们的信心。

在美国的一个小城市，生活着一对非常贫困的夫妇，他们生了一对双胞胎，但是家里的条件却养不起两个孩子。于是这两个夫妇就四处找人家，想要把其中的一个孩子送给别人来抚养。这个城市的一对富有的夫妇收养了双胞胎中的哥哥，而弟弟则继续留在了父母的身边。等到 22 年后，哥哥变成了街头上乞讨的乞丐，而弟弟却进入了美国的常青藤大学之一的耶鲁。原来，在这过去的 22 年中，双胞胎兄弟过着完全不同的两种生活：哥哥在进入富裕的家庭后，过着所谓的上流社会的生活，被花花世界冲昏了头脑，不思上进。最终，愤怒的富翁老夫妇没有把遗产给他，而他又毫无谋生技能，所以只能流浪街头。弟弟始终过着贫穷的生活，甚至连最基本的读书都不能完全保障，但在父母的激励下，成功地通过了耶鲁大学的入学考试。

逆境压迫，能够让我们习惯保持住一种积极的心态，在面对任何情况时，这种积极的心态，可以让我们应对自如，也就注定了我们的不断超越。

我们可以想一想，为什么这个世界上有些人就会比另外的一些人更加成功，更加会挣钱呢?他们拥有不错的工作，拥有良好的人际关系，整天被欢乐所包围，或者拥有高品位的生活，不管人生中的哪个方面，似乎都比别人过得好。而许多人忙忙碌碌地劳作却只能维持生计。其实，人与人之间并没有多大的区别。但为什么有许多人能够获得成功，能够克服万难去建功立业，有些人却不行?不少心理学专家发现，这个秘密就是人的"心态"。一位哲人说："你的心态就是你真正的主人。"一位伟人说："要么你去驾驭生命，要么是生命驾驭你。你的心态决定谁是坐骑，谁是骑师。"既然良好的心态有这么重要的作用，那么，经历过逆境压迫的人，大喜大悲之后，心境就会更加平和，在遇到这样的情况之时，就能够积极地对待。

逆境压迫，能够让我们学会忍耐，忍常人所不能容忍之事，这样我们才会不断地超越。

大家都知道三国时期诸葛亮侮辱过司马懿。当时诸葛亮一心攻打魏国，六出祁山的时候，大军驻扎在五丈原，司马懿知道自己和诸葛亮之间的差距，论韬略并不是诸葛亮的对手，所以就采取坚壁清野的方法，坚决不出兵和蜀军交战。诸葛亮就派人给司马懿送去了一套女人穿的衣服，并递信说："你如果不敢出战，便应恭敬地跪拜接受投降；如果你羞耻之心还没有泯灭，还有点男子气概，便立即批回，定期作战。"司马懿的左右看后，非常气愤，纷纷请战，但司马懿却坚守不战。不久诸葛亮因积劳成疾而死，司马懿没伤一兵一将，不战而胜。难怪古人说："必须能忍受别人不能忍受的触犯和忤逆，才能成就别人难及的事业功名。"

逆境中的压迫，经历得多了，我们也就学会了坦然面对，于是，以后的逆境对我们来说就成了习以为常的小事，那么超越也就更加容易。

制作出KV杀毒软件的王江民，是知名的亿万富翁。他40多岁的时候，在北京的中关村创业，靠卖软件起家，几乎一夜间就变成了百万富翁，没用几年的时间，又由百万富翁变成了亿万富翁，发家速度非常快。王江民的成功说起来很容易，几句话的事情，但实际上并不是这么一回事。王江民困难的时候，曾经被人骗过一次，一下子就损失了400万。他现在的成就，可以说是奋斗的结果，是一次次经历逆境的必然成就。王江民小的时候，患上了小儿麻痹症，留下了一生的遗憾，以至于没有进过正规大学的门，在39岁之前更不知道电脑是个什么东西。王江民的成功，在于他对痛苦的忍受力，从上中学起，他就开始有意识地磨炼意志，"比如说爬山，我经常去爬山，500米高很快就爬上去了，慢慢地爬上去也就不感觉得累。再一个就是下海游泳，从不会游泳到喝海水，最后到会游泳，一直到很冷的天也要下水游泳，去锻炼自己在冰冻的海水里提高忍受力。比如，别人要游到1000米、两千米，那么我也要游到1000米、两千米，游到两三千米以后再上岸的时候都不会走路了，累得站不起来了。就这样锻炼自己，来磨炼自己的意志。"他40多岁辞职来到中关村，面对欺骗，面对商业对手不择手段的打击，都能够坦然面对。所以，中关村能人虽多，倒让外来人王江民拔了百万富翁的头筹。

只有经历了逆境，经受过那种压迫，我们才能在以后的人生路上不断地超越自己、超越别人，最终走向成功。

第9辑

面对异己，

要有“河海不择细流，故能成其深”的包容心态

人活在这世上，与自己看法不同的人太多了。当然有些不同是小小不然的，有些不同是大是大非的，有些不同是本质上的。有的人在面对异己之时会斗争到底，不管大小，总要斗争到底；有的人则能容纳他人，有“河海不择细流，故能成其深”的包容心态。其实能够包容他人，是一种非常聪明的生存哲学，只有让人容人，才能厚己大己。

❖世上没有两个人是完全相同的❖

一个人在与人交往中，要在充分认知、了解自我性格的同时，学会分析、明辨他人性格，在此基础上，因人而异地采取不同的交往方式。一个人要掌握与不同人群交往的"大艺术"，而这一艺术的最基本原则便是：求同存异，和谐相处。

世界著名哲学家戈弗里德·威廉·莱布尼茨曾经说过一句名言："世界上没有两片完全相同的叶子。"这句名言所启示给我们的哲理便是：在这个世界上没有任何事物是完全相同的，人需要以不同的眼光去看待，应对事物间的不同，即发现事物之间的不同，并接纳、正确对待事物间的不同。这一哲理不仅仅体现于人的主观意识对客观世界的认知中，同时也体现于人与人之间的交往与磨合中。这个世界上没有两片相同的叶子，同样，这个世界也没有两个完全相同的人，要想在人际关系错综复杂的人类社会中谋求生存发展、获取人生成功，就必须懂得与各种不同性情的人打交道，这并不是说人一定要圆滑世故，而是说人要懂得包容、接纳，懂得与他人和谐相处。

在生活之中，人难免会遇到与自己性情不合、意见相悖，甚至相互排斥的人群，也难免会遇到与自己存在着利益冲突关系的竞争对手，这些人也许会被你视为"异己"，令你头疼、烦恼，甚至困扰你的心境；尤其是在"异己"阻碍你前途发展的时候，你或许会产生一种极为愤懑的压抑情绪。其实，面对这些"异己"，只要你能清晰地认知到"差异"所存在的原因，并能以包容和接纳的态度去接受"异己"，你就会发现，和谐相处所给你的生活和人生境遇带来的是多么美妙的另一番新天地。

古时候，有一个孩子到了上学的年龄，于是他的母亲便给他准备了一切所需的上学用品，送他去私塾念书，并且对他说：“孩子，你要听先生的话，用心读书，将来做一个饱读诗书的有用之人。”这个孩子听了母亲的话，向母亲承诺，自己一定会用功学习，将来考个状元回来，让母亲过上好日子。可是10天之后，这个孩子却对母亲说：“母亲，我再也不想去上学了，就让我一个人在家学习吧，私塾那个地方我实在待不下去了。”母亲听后，非常奇怪，便仔细询问儿子不想去读书的原因，于是儿子便向母亲叙述说：“那个地方什么样的学生都有，有人凭着自己是书香门第出来的公子，因为之前学过一些诗文，便傲慢清高、不可一世；有人仰仗自己是富豪官宦之家的子弟，就瞧不起我们穷孩子，处处嘲讽我们；有人一身俗气，有人一副小人嘴脸，有人只会谄媚巴结，有人为了彰显自己，就老是在先生面前贬低别人。母亲，我怎么能和这些鱼目混杂之人纠结在一起呢？古人说‘志同而道合’，我实在没有办法与这些相异之人一起学习读书啊！”

这位母亲听了儿子的话，没有立即回答，而是在沉思一会儿后，对儿子说：“我一会要做烤脆饼给你做晚餐，你去河边拾捡一些鹅卵石回来，如果发现有特别漂亮的鹅卵石不要忘记带回来，留着给你做压书页和草纸的镇纸。”在乡间，这样一种烤脆饼，是将面团擀成薄薄的饼片，然后放到被火烘烤得炽热的鹅卵石中，让鹅卵石的热度使饼片烤熟。这样被一层层的鹅卵石烘烤而成的饼特别脆，而且有一种独特的面香。过了一会儿，儿子捡了半篮子鹅卵石回来了，还交给母亲两块特别圆润、光滑、墨绿色的鹅卵石，儿子高兴地对母亲说：“母亲，我翻了好多石头，才在河边找到这两块与众不同的鹅卵石，您看，它们比篮子的这些石头好看多了。”母亲接过石头，笑着对儿子说：“我现在想问你两个问题，第一个问题是，为什么利用鹅卵石所烘烤出来的脆饼会特别的好吃呢？第二个问题是，这两块与众不同的鹅卵石是怎样形成的呢？你先出去吧，我希望晚饭后你能给我答案。”

晚上，在吃饭的时候，儿子一直低埋的头突然抬起来，对母亲说：“母亲，我知道答案了，您放心，我明天就回到学校去继续好好读书。”看着母亲欣慰地笑了，儿子接着说:“这些鹅卵石,虽然都具有光滑、圆润的特质,但它们其实是形状各异的,正因为它们的形状不同,所以放在一起才会形成大大小小的缝隙,使得温度的散发形成一种水波式的力量,因而使脆饼口感特别;而至于这两块特别的鹅卵石,是因为它们曾经被埋在这些看似丑陋的鹅卵石的深处,在河流的冲刷中既接受了水力的冲击,也接受了与这些鹅卵石之间相互撞击的磨打,正是因为有了这些看似不同类鹅卵石的磨打,才使得它们更为出奇的圆润。母亲,我真的知道该怎么做了,我会成为石头堆里的一块与众不同的石头的。”母亲笑着说:“人与人相处,就如同这些石头间的相互撞击一样,石头是形状各异的,人与人的性情与思想也是各具特点的,如果你不能认识到‘同而存异’的道理,你怎样能够与人相处呢?你如果连与人相处都不能做好,又怎能实现人生发展和理想追求呢?”后来,儿子牢牢地记住了母亲的话,试着接纳、包容了他人的不同,后来考取功名,成为一个非常清廉的知府。

这个故事为我们讲述了一个道理,“求同存异”才是在“异己”境遇中保障人生发展的必备条件。要知道,在生活之中很难使他人的认知与想法和自己的性情、思想完全一样,即便是我们最要好的朋友、亲人、知己知音也存在着与我们相异的想法与认知,更何况我们眼中的“异己”呢?相异,是客观环境必然存在的,与不容于己的他人相处,最重要的是以接纳、包容的方式和谐交往,而不是以排斥、抵触的方式制造障碍。

一个人在与人交往中,要在充分认知、了解自我性格的同时,学会分析、明辨他人性格,在此基础上因人而异地采取不同的交往方式。一个人要掌握与不同人群交往的“大艺术”,而这一艺术的最基本原则便是:求同存异,和谐相处。

❖面对异己，先恭而观听❖

与人交往，尤其是当一个人在谋求人生发展时，与各色各样的人打交道，认真聆听与客观思考是多么的重要。也许被所有人都认可、被所有人都拥护的人生境遇是你的“理想国度”，但是在这个世界上，没有任何人能够排除客观存在的各种声调潜行在自己的“理想国度”，而且可以肯定地对你说：这样的一个你，主观世界里封闭而出的“理想国度”，终将会成为埋葬你前程的坟墓，因为它让你杜绝了外在血脉的寄养。

异己，从一个角度讲，其含义是指他人的知趣、见解与自己不同，甚至相互敌对；从另一个角度讲，与自己的信仰观念与理想追求完全不同的敌对人群。在生活中，人总会不可避免地遇到与自己意见相悖，甚至以敌对观念攻击自己的“异己”，这些言语在人内心所产生的无疑会是不快与不悦，甚至在心底对这些“异己”之言产生明显的排斥心理。这是一种非常正常的心理反应，一个人听到他人对自己的敌对之言或否定之词，自然不会产生听到赞赏之言与肯定之词时的那种喜悦和满足。但是，无论你内心对“异己”之言存在多大的不满与不悦，在与人相处中，以这种排斥心理对待他人之言都是一种“下下之策”，真正的智者面对异己，永远是采取“先恭而观听”的“上上之策”。

美国常驻联合国代表约翰·丹福斯曾经在联合国大会上阐明了一个外交原则，

他说："联合国是一个非常重要的多边机构，美国不管有多强大，都应学会在联合国倾听并接纳不同的意见。倾听并接纳不同意见，不仅有助于建筑良好的外交关系，而且有助于我们自身的完善与发展。"约翰·丹福斯的话很简单，但却表明了一个深刻的道理：无论是一个国家的长期发展，还是一个人的生存发展，"恭而观听"都是谋求成功发展的必须遵守原则。

面对异己，必须能够做到"恭而观听"，是因为异己之言往往可以成为"忠言逆耳"的良药。在面对不同意见与敌对意见时，你必须要保持一个清醒的认知：不同见解与敌对观念令你感到不悦，是因为这些言词完全否定了你的思想与认知，与你的追求和意愿想违背，但与你要求不符不代表这些言词是错误的、是荒谬的、是不可采纳的。相反，这些或尖酸刻薄、或冷淡嘲讽、或好心忠告之言，在很多情况之下存在着其合理性与正确性。一个真正懂得利用与人交往完善自己、利用观摩他人而谋求成功发展之路途的人，必须能够善于聆听异己之言，并依据客观事实去分析异己之言，判断出这些令人不悦的异己之言是对自己有益还是有害。否则，过于主观论断和自我肯定，一时的愤懑或厌烦很有可能会导致得不偿失的后果。

《读者》曾经讲述过一个关于世界著名推销员乔·吉拉德的故事：

在吉拉德刚刚做推销员不久，在一次推销中发生了一件令他一生难忘的事情。事情是这样的，一天晚上，吉拉德去和一个客户谈判，去敲定一份合作合同。这晚，吉拉德按照客户留给自己的地址，来到了这位客户的家，吉拉德对这位客户的第一印象就没有什么好感，觉得这个人完全是那种自以为是的轻狂主义者。可是为了签合同，吉拉德也只好硬着头皮坐下来，与这位客户进行交谈，幸好这位客户的合作态度还是非常真诚的，表示当晚就会与他把合同签订好。可是，让吉拉德没有想到的是，就在他们谈话进行到尾声的时候，这位客户突然变卦了，他坚决表示拒绝签署合作合同。吉拉德一看快煮熟的鸭子就这样飞了，感到非常诧异，就问这位客户究竟是什么原因使他改变了合作意愿。

这位客户坦诚地说："乔·吉拉德先生，你的失败就在于你没有认真聆听我的讲话，也许你认为我所说的都是废话，也许你认为我的思想与你的观念完全不符，在你的思想认知里，我是一个与你格格不入的人，并且是你所瞧不起的人。在我准备签合同之前，我向你提到我的独生子即将上大学这件事，还说他的运动成绩优秀以及他的人生梦想，不是在向你炫耀，而是因为我以他为荣，在感到高兴时就会不自觉地提到他，而你当时却没有任何反应，还转过头去给别人打电话，这让我非常恼火；在之前的谈判过程中，我频繁说到你所推销的产品的不足，不是要刻意地贬低你和你的公司，而是想要你认识到你所推销的产品所存在的缺陷，我想这样也许会对你以后的工作有所帮助，没想到当时你的表情和反应表现出的是极度的不悦和鄙视。既然从你内心深处，完全把我看成一个异己，被你排斥在外，为什么我还要与你合作呢？”听了这位客户所说的话，吉拉德没有进行任何争辩，因为客户所言完全说中了他的内心，在整个谈判过程中，吉拉德都一心只想着最后的结果，却没有认真聆听客户的讲话，因为他从内心没有对这位客户形成半点认同，并且认定这位客户的所有言语都有轻蔑自己的敌意。

后来，吉拉德说：“现在我非常感谢那位客户直言不讳地对我讲出了那番话，经过这件事，我深刻认识到聆听别人的讲话、以客观的角度去分析他人的言语是多么的重要，尤其是那些异己之言，更能成为鞭策自己、完善自己的良药啊。在这之后的推销生涯中，无论面对什么样的人与什么样的语言，我都严格坚持‘恭而观听’的谈判原则，这对我的成功有着非常深远的影响。”

可见，与人交往，尤其是当一个人在谋求人生发展时，与各色各样的人打交道，认真聆听与客观思考是多么的重要。也许被所有人都认可、被所有人都拥护的人生境遇是你的“理想国度”，但是在这个世界上，没有任何人能够排除客观所存在的各种声调潜行在自己的“理想国度”，而且可以肯定地对你说：这样的一个你，主观世界里封闭而出的“理想国度”，终将会成为埋葬你前程的坟墓，因为它让你杜绝了外在血脉的寄养。

在一个人的人生发展之中，恭而观之，是一门大学问、大艺术，面对异己，如果你能够成功地做好这门大学问、大艺术，那么你将获得一个保障你人生成功发展的先决保证。

别让排斥异己阻碍了你前进的脚步

哲人说："地球只有一个，人类只有一种，全人类一起生于斯，长于斯。各种人群要想生存得更长久、生活得更美好，就必须遵循一些普世价值，在思想精神层面、最终行动实践层面达成一定共识，最基本应实现底线的统一。而这种统一是以充分的个性尊重与包容个体差异为前提的。"这其中的哲理便在于：要谋求生存发展，就要容忍、接受异己的存在，否则会导致不堪设想的后果。

无论是历史还是现代社会，对于异己的排斥是很多人的共同心理，他们无法容忍与自己存有敌对思想之人的存在，更不能容忍异己的敌对思想与敌对措施成为自己人生发展路途的障碍，因而他们对异己存有一种"除之而后快"的排斥心理。所谓排斥异己，就是指排挤、清除和自己意见不同或不属于自己集团派系的人。从"道不同，不相为谋"的角度讲，排斥异己似乎是一种非常合情合理的心态与行为，但从哲理学与行为学角度讲，排斥异己是招致人生发展失败的十大原因之首。

回顾历史，因排斥异己而招致失败的典型事例便是王安石变法。

大宋年间，王安石变法轰轰烈烈地发展了数年，而最终却以失败告终，其招致失败的原因固然是多方面的，但不可忽视的一个重要原因就是对异己的排斥，导致了变法行为成为一种孤立的众矢之的。历史学家指出，王安石与其主张变法的一派革新人士，在变法实践中文过饰非、诿过于人，并且对反对派进行强烈的批评、谴责与排斥、打击。变法革新一派为了保证自己的利益与新法的顺利实施，急于击倒反对派，并且当反动派对新法所提出批评时，为了掩盖新法所存在的错误，王安石一派人借助手中的权力与皇帝的信任，严厉打击、排挤反对派，从而对大宋朝的主题制度“台谏制”形成了强烈破坏，最终导致了变法行为在各种问题的突现与孤立无援中走向失败。

王安石变法，从其政策本身与历史意义角度讲，无疑是具有极大的进步意义的，这样一种颁布实施新法的行为在当时的历史情况下是急需强大的政治力量支持的，但因为王安石一派过于注重自我保护意识，一心排斥异己，完全忽略了新法自身所存在的错误和不可实施性，并且树敌愈加广泛，而造成了这一极具历史进步性的变法运动的失败。

与之相反，在历史上另一个成功的思想运动，则在因能够兼容异己之见而取得了辉煌的成功，这便是发生在18世纪的欧洲的思想启蒙运动。

当时，这场思想启蒙运动的发起者是伏尔泰，在这场启蒙运动中，卢梭和与卢梭持有相同观点的人物持有鲜明的反对思想启蒙的主张，并且明确表态：坚决捍卫自己在这场启蒙运动中与启蒙思想的不同主见，捍卫自己发表相异之见解的权利。面对卢梭等人对思想启蒙运动的争议与反对，伏尔泰与启蒙运动领导者采取了积极地容纳与化解争议的和谐处理方式，伏尔泰还身体力行地与卢梭亲密接触，与其进行思想沟通，并建立了两人间超越思想分歧的伟大友谊。后来，两派的观点相互剔除了不符合客观的不合理性，保留了二者之间的积极部分，这种和谐容纳最终取得了历史突破性的成功。

伏尔泰与卢梭两位持有不同主张的启蒙运动先锋，以自己的表率行为彰显了思想启蒙精神的要旨，即怀疑、批判、自由、民主、平等、博爱。历史学家在这两个著名历史运动的对比中，在排除其各自的客观历史因素后，不无遗憾地指出：如果王安石一派变法人当时能够以“求同存异”的精神与反对派达到和谐容纳，而不是急功近利地坚持对异己的排斥、铲除之心，那么这场变法运动一定会造就一番新景象。

也许在此例举这样两个事例，会使你觉得过于严肃和谨慎，你会觉得生活与人生发展与这样严肃的历史时刻不可相提并论，但你要明白一个道理：事无大小之分，只有情理之通。无论是社会历史发展还是个人人生发展，要保障发展路途的畅通无阻，就要懂得和谐容纳之道，排斥异己，之后以貌似铲除障碍的方式增加发展障碍，最终阻碍发展前进的脚步。

曾经有一个人经历长途跋涉，历尽千辛万苦，想要到达西天圣地参拜佛祖一面，以求点化真身。这个人在几经磨难之后，来到西天边界，他内心真是喜不自禁啊。就在他兴奋地向着佛祖圣地走去之时，经过一座万丈高桥，而在桥的中间却伫立着一块有半人多高的大石头，这块石头侧面与桥栏杆的距离只有20厘米左右，需要一个人侧身缩腹而过。这个人行至桥中，忽见这一块大石头阻碍了自己前行，心里非常不痛快。他一看过道又这样窄，需要自己手举包裹、侧身吸气而过，实在麻烦。于是，他便走到石头跟前，用尽全身力气将石头推到了桥下。谁知，石头跌到桥下正好砸到了支撑桥梁的桥柱，一座桥立即轰然倒塌，这个人葬身于石堆之中。

当这个人的魂魄在轮回途中经过西天，于是他愤怒地问佛祖："我历尽千辛万苦才来到西天边界，为什么没能见到你就死于非命了，难道是你故意要我命丧断桥吗？"佛祖听后淡定地说："桥梁之上，有缝隙可过，你不绕道而行；石头虽大仍可攀行而过，你不攀行，却非要将其推向桥下。石头本立于桥，你欲通行，难道只因其阻碍你的畅通之路，你就要推其入渊吗？绝人之路，实则断己之生啊。"这个人听后，悔不当初，但为时已晚。

这个故事启示给我们的哲理便是：排斥异己往往会使自己的前进路途徒增障碍，而这障碍有可能致使自己失败的致命因素。

哲人说："地球只有一个，人类只有一种，全人类一起生于斯，长于斯。各种人群要想生存得更长久、生活得更美好，就必须遵循一些普世价值，在思想精神层面、最终行动实践层面达成一定共识，最基本应实现底线的统一。而这种统一是以充分的个性尊重与包容个体差异为前提的。"这其中的哲理便在于：要谋求生存发展，就要容忍、接受异己的存在，否则会导致不堪设想的后果。

要知道人都是具有反抗性的，任何人在你极力排斥他的时候，他都会更加变本加厉地阻止你的前进；并且，在你排斥异己的过程中会给自己增加更重的思想负担与行为负担，这二者负面效应的合一，会使你的前进路途停滞不前或遭到损毁。然而从另一角度讲，人都是具有接纳和谐的潜在心态的，容纳与让渡远比排斥更具疏通性。

因而，当你面对异己时，或选择接纳、或选择避让，以和谐的方式“求同存异”共谋发展，万不可以排除异己之心为上，因此而阻碍自己前进的脚步。

❖要容纳异己，才能完善自己❖

一个人要对异己有一个正确认知：异己是最能够监督自己的人，是最容易发现自己缺陷的人，也是最能直言不讳地讲出自己缺陷的人。一个人唯有能够对异己做到以宽容之心容纳之，充分发挥异己的监督与鞭策作用，才能更加清晰地认识到自身的不足，更有效地完善自己，更进一步地接近成功。

有一句哲言说：“能容纳异己的存在，才能成就自己的伟大”；也有哲人说：“异己的存在，是为了成就自身的成长，如果能够容纳异己的存在，便能够发现其存在的理由（对自己自身不足的指正与潜在缺陷的提醒），这理由会成为督促自己进步的一种力量，成就自己建树成功的助手。”这两句名言充分阐明了一个道理：容纳异己的存在，能够更好地完善自己，促使自己通畅地走向成功之路。

异己，以最简单的定义去揭示，便是总是给自己提出批评以及否定的人。这些人或许是因为处于对你的诋毁、或许是因为处于对你的妒忌、或许是因为处于对你的否定、或许是因为基于与你的“志不相同”，也或许是处于善意的劝慰与建议，总之，无论是处于任何原因，这些批评之言与否定之言都是针对你自身所存在的缺陷而提出的，即便是鸡蛋里挑骨头，他们所挑出来的也的确是“鸡蛋里的骨头”，这一点是无可否认的。因而，异己之否定、批评之言，就是你用来观测自身不足之处的一面镜子。面对异己，你要学会以容纳之心，利用好这一面大镜子来明察自己不易察觉的缺陷与危机隐患，从而具有针对性地改进自身、完善自我。一个人要懂得以正确的心态与认知去看待异己，以容纳异己的方式去不断纠正错误、防范隐患、完善自我。

有一位非常著名的演员，在影视作品中一直都是塑造英雄人物或风流倜傥的文人形象，这一次他想挑战另一种新的角色定位，给自己的演艺生涯再添一笔点睛之彩，以实现自己成为多方位的具有综合演艺能力的真正成功演员。因而，他在经过与人沟通之后，接了一个新剧本，这个电影中的主人公是一个流浪汉，这个流浪汉在与黑社会“古惑仔”的纠结与交涉中，渐渐成为这些“古惑仔”心中极具威望的“大哥”，他以梁山好汉一样的气魄，以受正义所鄙视的“黑社会大哥”身份带领自己的“古惑帮”做出了很多惊天动地的为民除害、伸张正义之举。在最开始的试拍中，这位演员自己以为已经完全捕捉了这位流浪汉的内心世界与性情特征，已经将自己与电影人物完全融合，但是在观看自己的试拍录像时总是觉得似乎好像缺了一点什么。对此导演和朋友们也说不出来哪有欠缺，反而觉得他演得很好，因为在他们心中的定位是：这位演员的演技一向是一流的，无论是饰演什么都别具风格，都是好的。

这天，这位演员正在影棚内捉摸剧本，忽然听到外面有人在大声地和导演争论：“他演得有什么好的，您看他演的流浪汉和以前演的风流大侠有什么区别？只是外表衣着变换了而已，骨子里根本就没有演出流浪人物与黑社会人物的精髓，这精髓是人物内心的转换。导演，您应该考虑换人，如果我去饰演这个人物，一定会比他出色百倍。”导演听后，十分不悦地说：“如果你再在这里搅局，我就终止与你的签约合同，你不想继续在这里捧这个饭碗了吗？”听到这里，正在影棚内看剧本的这位演员立即冲出去，对导演说：“您不要激动，他说的有道理，我想与他好好地谈一谈。”

就在第二天，这位演员要求重新拍摄之前所试拍过的所有录像，并且在新的拍摄中让所有人都颇为意外，呈现在导演与观众面前的他，俨然已是一个地地道道的流浪汉、地痞形象，完全没有了正派英雄人物在其演艺风格中所隐匿的一丝痕迹，就如脱胎换骨了一般。朋友们都非常诧异，询问他是什么原因让他一夜之间有了如此进步，他笑着说："因为昨天和某某发生了一些争执，而后我仔细地分析了他的话，并特意恳请他为我做了一次饰演示范。"听了他的话，朋友们更是感到不可思议，都说："你真是气量大呀，这个人一直都给你穿小鞋，想要取代你的主演地位，导演要将他赶走不是正好可以消除掉羁绊你发展的一块硬石头，你竟然还为他说情，还能去分析他的'谩骂'！"这位演员笑着说："但是事实上我现在最应该感谢的就是他，因为是他让我知道了什么是人物的精髓，他把我自己所找不到的那'缺点什么'全部都指正出来了。没有他的挑剔和挑战，我怎么能寻找到自己的突破口呢？"

后来这部电影一炮走红，这位著名演员实现了突破自己演艺局限的梦想，获得了更为辉煌的成功，并且他在经过那次"摩擦"之后，与那位强有力的竞争对手成为了相互竞争、共同进步的好朋友，他们两个人经常在一起切磋演技。

试想，如果这位演员在被异己"攻击"的时候，没能做到容纳与冷静分析，而是将其"铲除而后快"，那么他还会顺利地实现自己的局限突破，完善自己、更上一层楼吗？

有位名人曾经说："我受了10年的骂，从来不曾怨恨骂我的人，有时他们骂得中肯，我很感谢他们，因为他们让我知晓了自己的不足；有时他们骂得不中肯，我反而替他们着急，因为他们没有切中要害地指明我的缺陷究竟在何处，却使得他们自己费了半天力气。"这句话讲得很诙谐，但其所折射而出的道理却很深刻，在面对异己时，他们如果真的说出了你本身所存在的缺陷，那是在另一个方向帮助了你，是你应该以感激之心所容纳的，为何要怨恨呢？如果他们说出的是无中生有的诽谤之词，那这没有事实可依的虚幻之言，只是他们自费心力罢了，你又何须为乌有之言而徒增烦恼与怨恨呢？可见，对于异己，也要遵循"取其精华，去其糟粕"的思想原则去给予接纳和宽容，而非排斥与积怨。

一个人要对异己有一个正确认知:异己是最能够监督自己的人,是最容易发现自己缺陷的人,也是最能直言不讳地讲出自己缺陷的人。一个人唯有能够对异己做到以宽容之心容纳之,充分发挥异己的监督与鞭策作用,才能更加清晰地认识到自身的不足,更有效地完善自己,更进一步地接近成功。

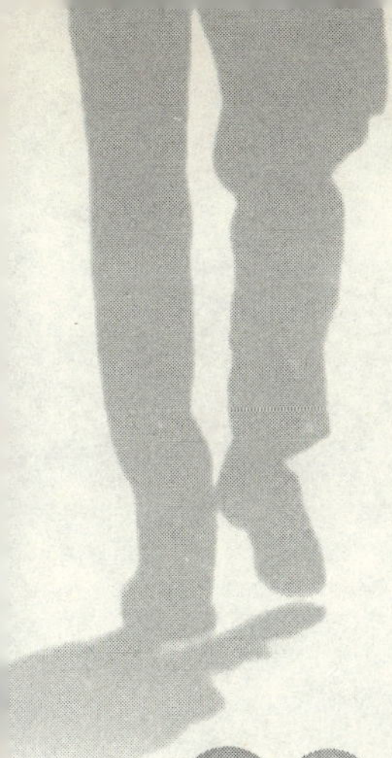

第10辑

面对排挤，

要有“行到水穷处，坐看云起时”的平和心态

排挤这种事情其实在我们的生活和职场上普遍地存在着，在我们的周围，经常有一些刚刚走上社会的青年，原本抱着满腔的热情，自以为能够大干一场，建立自己的事业大厦，结果却发现，自己的周围暗箭四起，现实并不乐观。什么原因会导致自己被排挤？又有什么招数可以见招拆招，避免出局？其实面对排挤，平和的心态是最好的化解招数，没有过不去的坎，受到排挤只是暂时的。这样想，我们的人生是不是一下子就亮堂起来了呢？

❖来到新环境，遭遇到排挤❖

职场上，特别是刚刚来到一个新的环境中，受到排挤是很难避免的，也是不容易被发现的。因为受到排挤的人并没有受到明显的身体伤害，而精神上的伤害则只有被排挤的人才清楚。这就要求一个人在新的场合，要尽快地适应新的环境，学会在受到排挤的时候，应付这种情况。

职场上，排挤无处不在，每个人或多或少地都经历过。只要是人多的地方，比如一个部门，一个特定的职业群体，假如一个新人的出现打破了原来的固有秩序或者关系，那么，这个新人就会遭遇到大家的排挤。当然，对于旧人来说，如果他脱离了群体或者太过优秀，有的时候也会受到大家的抵制。一个人如果受到别人的排挤的话，从自身的方面看，是一种"不适应环境"的表现。

来到新的环境，受到排挤的原因无非有两个：一个是新的环境很好，但是自己身上的毛病不少，不能快速地融入到这个环境中去；另一个原因是，新的环境不好，新人坚持自己的原则，不肯和原来的人合作，不随波逐流，所以显得和周围的环境格格不入，受到排挤也是正常的。

职场上，特别是刚刚来到一个新的环境中，受到排挤是很难避免的，也是不容易被发现的。因为受到排挤的人并没有受到明显的身体伤害，而精神上的伤害则只有被排挤的人才清楚。这就要求一个人在新的场合，要尽快地适应新的环境，学会在受到排挤的时候，自己应付这种情况。

小李就遇到过这样的情况。他去年进入一家房地产公司，由于才能出众，头脑灵活，所以很受老板的赏识和器重，刚刚进公司不到一个月，就参与了一项非常重要的楼盘开发项目，是同批次进入公司的新员工里最快参与具体工作的人。但是小李自己觉得，没过多久，他就很明显地感觉到了办公室其他同事对自己的敌意，很突然，也很莫名其妙。小李说："刚入职的时候，办公室里总是有说有笑的，大家见了面都打招呼问好。但是等到老板当众宣布我加入那项很重要的楼盘开发项目后，大家对我的态度明显就和以前不一样了，特别是和我一块进入公司的那些人。"再后来，大家每天中午吃饭，也不叫小李一起去了，有时候，他们在一起聊得火热，一旦看到他，也会马上停止谈话，这让小李感觉非常的不舒服。

在那家房地产公司待了差不多两个月的时候，小李发现，公司里的人有明显的派系，他们之间的斗争还是比较明显的。比如说，一些单身的同事能玩到一块，下了班或者放假的时候，他们就经常聚会。成家的同事又是一个小帮派，他们的话题因性别而异，男的常谈老婆孩子怎样怎样，女的常谈老公孩子怎样怎样。有几个和他性格差不多的人，又感觉他和老板有着比价特殊的关系，所以也很难接触。小李说，在那家房地产公司里，他常常会觉得自己是一只离群索居的鸟儿，形单影只，好不孤独。一天的时间里，除了工作，别的事情基本上和同事之间没有什么交际，他自己也觉得非常的尴尬。小李说，他甚至觉得这样的同事关系令他非常的苦恼，甚至为此有了辞职的想法。

小张的经历也能说明这个道理：来到一个新环境，往往会受到排挤。小张去应试麦当劳的见习店经理，两轮面试通过后被告知有 3 天见习，小张被安排在了一个门店。就是这 3 天的见习，小张受到人生的第一次排挤。

那几天，门店的经理没有上班，每天都是值班经理管事。在见习期内，小张的职责和普通的计时工是一模一样的。除了收银，几乎做遍了店里的每一个岗位，非常累。不过还算好，同事都还很照顾，一点点地跟小张讲规定和注意事项。只有一个人，没来由地看小张不顺眼。这人年龄应该比小张还小，是这家店的一个"资深计时工"，也就是说，这个人除了工作时间比很多人都长以外，没有任何职务。但正因为他在这里做的久了，资格就比较老，有时候还能指示值班经理做点事。小张呢，说得好听点是总部安排来的见习生，但实质上对一个门店来说就是个计时工，而且就算小张被录用，今后会被分配到这个店工作的可能性也是微乎其微，因此谁都可以命令小张做这做那。正是因为这个原因，起初小张并没在意那位资深人士的苛刻，只是觉得他特别严厉。但是一次在整理后场的时候小张发现，他根本就是在针对自己！

所谓“后场”就是垃圾站，只不过麦当劳、肯德基这样的店垃圾处理得比较干净，不像通常的垃圾站那么污水四溢而已。不过东西多，也挺脏的。整理后场的内容就是要把垃圾归类：空箱子堆放整齐，纸盒拆开压平，塑料袋归到一处。这个活吧，一个女孩子做，有点困难，大家都知道麦当劳的黑色垃圾袋是最大号的，装满以后搬动颇费力气。那个资深计时工吩咐小张整理后场，开始小张以为他们就是只派一个人做这事的，因此也不觉得什么，抡圆了膀子使劲搬那些重东西。干了没一会儿，有个男孩子主动过来帮她，可是他没搬两个垃圾袋就被那位资深人士喝止了，并且在他们离开的时候小张听见他说：你喜欢搬垃圾啊？不用你做你难受是不是？从此以后小张才开始注意到，原来这人就是特别针对她而已。后来那个想帮小张的男生告示她，他们店里基本不会安排一个女孩子独自整理后场，并且他问小张，是否认识这个资深人士，小张回答：从我出娘胎这是第一次有幸目睹其尊容。别人奇怪：为什么他那么针对你呢？小张回答：可能我长得让他看了不舒服吧？

所以，在一个新的环境里，遭受到排挤是比较常见的事情，我们应该做好这方面的心理准备。

❖抛弃被排挤的不快,活得写意潇洒❖

面对别人的排挤,我们要学会写意潇洒。我们要明白,受到排挤是每一个新人都可能遇到的事情,别人对我们的反应,其实只是心理上本能的自我防卫意识在主导。从心理学的角度上看,我们当中的任何一个人,在面对不熟悉的人或者不知道的事情之时,都会采取防御的自我保护态度来回应。

受到排挤,心情肯定会受到影响,轻者郁郁寡欢,重者忧郁成疾。其实,受到排挤是进入一个新环境后经常遇到的事情,一个人,不要把最初的排挤当成是以后的全部,心放开些,才能活得写意潇洒。

不要在受到排挤的时候就埋怨命运多舛,看看四周,想一想古今中外的人物,有谁没有被排挤过呢,就连那神通广大的孙悟空,也免不了被师傅师弟排挤。《西游记》这本书中,孙悟空、猪八戒、沙悟净3人保护唐僧去西天取经,一路上孙悟空为了保护唐僧的安全,那可是忠心耿耿啊,见山开山,遇水搭桥,降妖除魔,可谓九死一生,经历了无数次的凶险,甚至有很多次,差点儿把自己的命都搭进去了。可以说,假如没有孙悟空,唐僧是去不了西天,取不了真经的,他之所以能够经历九九八十一大难而不死,最终取回真经,不能说全是孙悟空的功劳,但是十之八九可以归于他。但是,在去西天的路上,孙悟空受的委屈也最多最大,他多次受到唐僧的打击冤枉,多次受到猪八戒的诽谤和排挤,就连一向老实的沙和尚,也有不相信孙悟空而排挤他的时候。说到这儿,我们还为自己受到排挤而不快吗?

面对别人的排挤,我们要学会写意潇洒。我们要明白,受到排挤是每一个新人都可能遇到的事情,别人对我们的反应,其实只是心理上本能的自我防卫意识在主导。从心理学的角度上看,我们当中的任何一个人,在面对不熟悉的人或者不知道的事情之时,都会采取防御的自我保护态度来回应。一个新人,在新的环境里,只想正常地工作,但是往往会因为过于积极和优秀而受到领导和老板的赞赏和表扬,而让周围的同事心里缺乏安全感,让他们感觉自己的价值可能在我们面前贬值了。另外,有一些人有自己固定的交际圈子,与我们有距离,并不是故意地排挤我们。所以,我们在遇到排挤的时候,要这样想,之所以受到排挤,是因为自己太优秀了。"木秀于林,风必摧之",只有优秀的人才容易受到别人的排挤。换个角度说,我们被排挤了,证明我们是优秀的。例如某位著名女主持人占据了人们的眼球,占据了电视台的黄金时段,收视率一直在全国名列前茅,所以在那些同行里面,就有很多人排挤她。

但是,潇洒不代表冲动,受不得委屈,不意味着目空一切、恃才傲物。一些有能力又有才气的人,在观众的眼里,活得非常的潇洒,但是他们其实既不擅长媚上也不擅长欺下,他们做什么事情总是我行我素,自己觉得好了就行。这样做的结果,也许转眼间就被老板冷漠,把自己原本做得非常出色的案子转手给了别人做,自己被安排去做一些吃力不讨好的小案子,那些有实力的、有见地的大客户是见不到了,整天被一些挑剔苛刻的小客户纠缠着,这样的人也就受不得排挤和委屈,一受到挤压,马上拍着桌子辞职了。这下可让那些排挤他的人暗暗地高兴,省下了暗暗排挤他的人多少的时间和精力。这样做潇洒是潇洒了,但是却有点苦。写意的潇洒,是那种不去计较的潇洒。

那么,我们如何在面对排挤的时候活得写意潇洒呢?首先,我们进入一个新的环境的时候,要先在心理上接受我们的新同事,对他们表现出来的冷漠和少言,我们不要在心中计较和厌恶,不然的话,只会恶化我们和同事之间的感情,受到的排挤也会更深,我们的心情也会更郁闷。在受到排挤、遭受冷眼的时候,心里就想着逃离,想着辞职,这反映出我们在面对压力和不好的环境之时,缺乏应对的能力。我们应该选择其他的有效应对方式，比如我们可以主动地去了解新环境的习惯习俗以及企业的文化，力求能够主动快速地融入到里面去，再比如，我们可以帮助同事们做一些力所能及的工作，打印一份材料啊，填写什么表格资料等等；还要在最快的时间内，记住周围同事们的名字和职位，这样，别人也会很快地记住你，并且很快就对你生出好感来；对待上司要有好的态度，不要因为经常向上司请教些无聊问题而招人嫉妒或说闲话；多看到别人的成绩，同时也可以多多夸奖同事的衣着、发型、气色等，可以让同事以及自己心情愉快，为融入集体打下良好基础。其次，不要期望所有人都喜欢你，就算真的遇到了无法改变的环境，坚持下去会使我们学到隐忍的美德。真的忍无可忍时，就想想古人说的“择其木者得栖良木，择其君者得遇明君”，对于太不理想的工作不要强迫自己去做也就罢了。

❖掌控情绪，保持平和心境❖

面对同事的排挤，我们要坚持平和的心态，掌控好我们的情绪和态度。我们要知道，只有优秀的人才会遭受嫉妒，才会受到排挤。因此，被同事排挤并不是什么丢面子的事情，反而从另一个角度证明了我们的优秀。

我们当中的很多人，在一个新的环境中遭遇到排挤，总使自己的心情受到影响。那种原本快乐的心境一下子被坏的情绪所替代。领导或者同事的排挤，让我们心里非常的难受，甚至因此影响了我们的工作心情和效率。

面对领导和同事对我们的排挤，我们应该怎么办呢？万变不离其宗，方法有很多，但是最基本的一条，就是我们要掌控好自己的情绪，保持平和的心境，在平和的状态下采取方法，消弭排挤。

首先，我们要掌控我们的情绪，保持平和的心境，尽量心态平和地去面对。假如我们带着心中的怒火，受不得半点的委屈，那么，我们就会失去对事情理性的判断，容易在激烈情绪的支使下做出过激的行为，说话办事容易冲动，结果往往会使我们自己更加受到排挤，从而产生一个恶性的循环。

其次，我们要在平和的心态下，仔细地分析自己被排挤的原因。有果就有因，平和的心态，能够让我们理智地找到这方面的原因，我们是新人，受到排挤是常有的事情，人家排挤我们、冷落我们，只是出于一种本能的防卫意识，并不是单单地针对我们。也许我们是不是在自己不注意的时候，触动了别人的利益？还有，是不是我们的性格很孤僻、或者冲动、或者张扬什么的，说话办事的态度得罪了别人？是不是我们和他们之间有什么没有留意到的小误会？等等。因为，只要我们的心态平和了，找出了对方排挤我们的因由，了解了他们这么厌倦我们的前因，我们才能想到办法，才能有目的、有针对性地想出相应的办法和他们和解。在我们和他们之间这种和解的过程中，坚持求同存异的原则是非常重要的，只要我们能够找出彼此都非常感兴趣的话题或者立场、认识的人、喜好的运动什么的，彼此之间产生了共鸣，出现了交集，那么，问题就好解决了，排挤自然而然地也就消除了。

假如是我们自己性格上的原因而造成了我们受排挤，那么我们就要深刻地反省一下自己了。在平和的心态下，我们要从自己身上找到根源，想要使我们的同事改变他们对我们的看法和行为，我们自己就必须做出改变。比如，我们作为一个新人，在办公室的时候，不要讲一些惊世骇俗的言论，也不要总在别人讲话的时候插嘴，我们要学着当一个听众；我们平时的衣着打扮也要符合身份，尽量和周围的同事统一，整洁就好，千万不要穿得太招摇，太招摇的衣服和装扮，不仅不会让人瞩目，反而会带给我们很多的不便，让同事们觉得我们要不是个土包子，要么是个爱出风头的人，以至于他们会因此把我们当成敌对的目标，排挤我们也就必不可少了。

假如我们是因为触犯了某人的利益而受到了排挤，那么，我们就要在平和的心态下，注意我们今后做事情的分寸。在一个企业当中，竞争是难以避免的，升职加薪、改善办公环境、获得老板的表扬，这些都是通过竞争才能获得的。奖励的竞争在所难免，虽然大家都在拼命地工作，但是获得奖励的机会并不多，假如我们获得了，就在无形当中触犯了某些人的利益，这是在所难免的。只要我们心中有分寸，对这种排挤则大可不必介意。

面对同事的排挤，我们要坚持平和的心态，掌控好我们的情绪和态度。要知道，只有优秀的人才会遭受嫉妒，才会受到排挤。因此，被同事排挤并不是什么丢面子的事情，反而从另一个角度证明了我们的优秀。其实，只要我们坚持在日常的工作中，用和蔼可亲的态度对待周围的同事，他们一定会发现我们身上的闪光点，发现我们是一个值得交往的人，时间久了，他们就会觉得和我们相处很快乐。从我们这个角度上看，我们则可以培养自己的说话能力，让自己成为一个聊起天来很有幽默感的人，因为办公室同事之间的一大特色就是喜欢聊天，这样，通过聊天中表现出来的幽默，他们会改变对我们的看法。

在平和的心态下，即使我们在最后实在没有办法解决被人排挤的问题，我们也可以理智地选择跳槽的方法。其实，生活的模式有很多种，道路也有无数条，最终的选择权始终攥在我们自己的手中。大家都知道，在夏日，炎热的非洲大陆上，烈日会把池塘蒸干。里面的鳄鱼就开始了弱肉强食，蚕食同类。眼看物竞天择、强者生存的情景正在上演。这时，一只瘦弱勇敢的小鳄鱼却起身离开了快要干涸的水塘，迈向未知的大地。干旱持续着，池塘中的水愈来愈混浊、稀少，最强壮的鳄鱼已经吃掉了不少同类，剩下的鳄鱼看来是难逃被吞食的命运；池塘终于完全干涸了，唯一剩下的大鳄鱼也耐不住饥渴而死去。那只勇敢离开的小鳄鱼经过多天的跋涉，幸运的它竟然在干旱的大地上找到了一处水草丰美的绿洲。人生就是这样，勇于竞争做强者的人未必一定赢得最后的成功，反而是能够自我调整、改变、开创新环境的人更能适应环境而生存下来。

但是，排挤这种现象总归是不好的，它会给人带来额外的工作压力，会给我们的工作带来很多不利因素。虽然无法避免，但我们只要能够掌控好自己的情绪，用平和的心应对，我们还是能够和周围的同事保持住一个比较和谐的关系的！

❖相信排挤是暂时的，多与人沟通终会有转机❖

排挤者在大多数的情况下，都是无意识和潜意识的，随着时间的推移，再加上我们的刻意接近，这种排挤现象是非常短暂的，很快就会过去的。假如我们意识不到这一点，盲目地反击，可能就会使自己落得个形单影只的结果。当然，如果是适度地反击，排挤者可能会觉察到并适当地收敛。

进入一个新的环境，受到了排挤，这是很正常的事情。毕竟我们作为一个新人，闯进别人的领地，人家在开始的时候，或多或少都带着自我防卫的意识。站在他们的角度上想一下，排挤新人，也是处于一种本能的意识，并不是蓄意地针对我们。当我们受到排挤的时候，不要死钻牛角尖儿，自我封闭，或者认为所有的人都跟自己过不去，这样的想法是不可取的。受到排挤的时候，我们要多和人家沟通，只有这样，我们和他们之间的关系才有和好的机会。

小李进入一家酒吧做服务员，她身材高挑，长得也非常漂亮，再加上工作时非常的勤快主动，所以来酒吧玩的客人们都非常的喜欢她，给她的小费加起来，比老板每月发给她的薪水都多。为此，老板也非常器重她，常常把大家召集在一块，当面夸小李能干又勤快，号召大家都向小李学习。小李过生日的时候，举办了一个庆祝会，同事们都纷纷地向小李敬酒，祝贺她生日快乐，那些女同事们也忽然变得殷勤起来，频频地给她祝酒，见大家这么热情，小李也不好推辞，所以喝了很多酒，最后醉倒了。第二天当她醒过来的时候，发现自己一个人躺在酒吧的地板上，周围空无一人，而自己的身上都是难闻的呕吐物。小李一下子伤心起来，昨晚，所有的人都回家了，竟然没有一个人送她回家，任她一个人躺在冰凉的地板上睡了一夜！她嚎啕大哭，心里把那些灌醉她的女同事们骂了几千遍，这些女同事们可真阴险，一个劲儿地劝她喝酒，把她灌醉了，原来是为了让自己出丑。小李想，他们一定是嫉妒自己被顾客和老板赏识，采用这种排挤的方式，让自己觉得没意思，自动辞职，我一定要她们后悔！她马上回家换了一身干净的衣服，又回到酒吧里工作起来。对昨天晚上发生的事情，她只字未提，只是更加地努力工作着，甚至和其他的女同事暗中争抢客人，她在心里排斥和其他的同事交谈，也从来不接受同事的任何邀请。

就这样，整个酒吧的气氛一下子变得尴尬起来，连老板都觉察出了小李的变化，把她叫到办公室里面谈话。老板说："虽然你的工作很努力，但是咱们酒吧是一个整体，要讲究团结，讲究团队之间的合作。你看看，你现在把气氛搞得多么尴尬啊。你说句真心话，店里这么多的同事里面，有哪个是你的知心朋友呢？"被老板这么一问，小李一下子就愣住了，沉默了很久，是啊，这么多人里面，没有一个是自己的朋友。刚一上班，就是抱着赚钱的目的来的，也没有什么长久地打算做这个工作的意愿。自己的这个意思，周围的同事大都知道了吧，都感觉小李骨子里其实是看不起酒吧行业服务员这种工作的，所以大家都无法对她态度友善。而当小李感觉到自己受到排挤的时候，就为自己穿上了厚厚的"防弹衣"，用冷漠和不接触来抵抗未来的羞辱和排斥。甚至在一些特定的环境下，她的内心中竟然把酒吧里的所有同事都看成了自己的对手和敌人，把他们都当成了排挤自己的同伙，就这样，小李在同事关系中变得沉默和逃避起来，用冷漠来进行自我防卫，或者在受到一点点的刺激后就会像火山般爆发起来，把周围的同事搞得很紧张。这样的状况，固然让那些排挤过小李的人不好受，但对自己来说，同样是一种伤害，搞得大家的心情都不舒畅。在这个世界上，只要是有人的地方，就不可避免地会出现伤害感情的事情，而像小李这样的充满负面的自我防卫心理，只会放大这种伤害，决不是一面好盾牌。所以遇到同事排挤，最好的办法就是主动沟通、互相理解，只有这样，才能减少对彼此的伤害。

其实，适当的反击也是一种沟通。排挤者在大多数的情况下，都是无意识和潜意识的，随着时间的推移，再加上我们的刻意接近，这种排挤现象非常短暂，很快就会过去的。假如我们意识不到这一点，盲目地反击，可能就会造成小李这样的结果。当然，如果是适度地反击，排挤者可能会觉察到并适当地收敛。所以，在我们反击的时候，需要有一定的策略支撑，当我们受到排挤的时候，我们可以提醒一下他们，他们的行为，正在不知不觉地伤害到我们，我们要把这样的感受告诉他们——不管是不是不经意还是故意这样做的人，如果他们还是一意孤行，让我们受到了伤害，那么我们再采取行动也不迟，让他们知道这种不友好的行为，他们既然可以做，我们也可以做，也可以同样伤害到他们。但是必须注意的一点是，这种沟通，我们必须要坚持适度的原则，不要做的太过。当然，最好的办法还是我们大度一些，不去计较这些所谓的排挤，相信这只是一种暂时的现象，往好处想。

所以，在遇到排挤的时候，沟通很重要。积极主动地和那些排挤我们的人交流，找到他们排挤我们的原因，然后有目的地改正，这样才能最快地消除排挤，融入到新的环境当中去。

第11辑

面对爱情，

要有“有缘即住无缘去”的随缘心态

爱情是男女之间强烈的依恋、亲近、向往，以及无私、专一并且无所不尽其心的情感。当我们面对爱情的时候，要珍惜眼前的人，不管他们是普普通通的人还是有所成就的人，我们都要坚持“有缘即住无缘去”的随缘心态，用这种随缘的心态去追求自己的真爱，这样我们才会冲破艰难险阻，冲破横亘在我们面前的一切障碍，所向披靡，拉起另一半的手，收获美丽的爱情。

❖拥有爱情时要好好珍惜❖

在茫茫人海中，遇到两情相悦的爱人是来之不易的缘分，遇到他或她，请一定要好好珍惜。不要为自己的人生酿造任何追悔莫及的苦酒，要知道：爱，只在今生；错过，便再无可求。

拿破仑说："当你爱一个人的时候，连折磨也是一种幸福。最初的恋爱是最好的，后来才会变坏。不要挥霍爱情，爱是会耗尽的。"

席慕容说："在年轻的时候，如果你爱上了一个人，请你一定要温柔地对待他。不管你们相爱的时间有多长或多短，若你们能始终温柔地相待，那么，所有的时刻都将是一种无瑕的美丽。若不得不分离，也要好好地说声再见，也要在心里存着感谢，感谢他给了你一份记忆。长大了以后，你才会知道，在蓦然回首的刹那，没有怨恨的青春才会了无遗憾，如山冈上那轮静静的满月。"

张小娴说："你仍想继续，永远不要说再见。当你仍然能够接受，永远不要说放弃。当你舍不得他，永远不要说你不再爱他。"

现代的年轻人说："请珍惜你身边默默爱你的人。或许，有一天当他真的离开了，你会发现，离不开彼此的，是你，不是他。"

警示爱的箴言说："牵手只是一场浪漫，爱过以后云淡风轻；当手中的花瓣雨后风干，再一场难道不是孤单？今生牵手，请，不要轻易分手。"

这些词句全部在以一种美丽而缠绵的方式告诉我们：爱情是多么的美好，爱情是多么的弥足珍贵，爱情是多么的希望呵护和珍惜！爱情一旦在我们的生命中出现，那么，请用一生的时间去珍惜、去呵护，用一辈子的深情去灌注、去守护；当爱在我们的疏忽或不经意间溜走，就是一朵冰山雪莲的凋落，若使它再度盛开，若想要再度拥有它一世仅有的绝美，我们只有等到来生来世！

爱情是人类所追求的最纯洁、最美好、最刻骨铭心的情感，至真而至纯的两情相悦，是一份可遇而不可求的珍贵情感。自古便有诗经云："山无陵，江水为竭。冬雷震震、夏雨雪，天地合，乃敢与君绝。"这是多么美丽的誓言，这是根植在呼吸与血脉里的"生死阔绰"。古往今来，多少凄美的爱情故事谱写了一个又一个动人心弦的爱情神话。在读着、看着、感受着古人与身边之人的爱情故事时，我们为他们的终成眷属而欢心，为他们的有缘无分而痛心；我们为他们的海誓山盟而感动，为他们的相互错失而遗憾。我们在生活中憧憬着美好的爱情，那么，我们在感受别人的爱情故事的同时，又是如何对待自己的爱情的呢？我们是否真正做到了与心爱之人心心相惜，用一颗最真诚的心去呵护自己的爱情呢？

相信任何一个人，内心都强烈希望能够与相爱之人"执子之手，与子偕老"，而在现实中，尤其是在现代社会的诱惑与欲望的冲击中，又有多少爱情能够在风雨人生中有始有终呢？于是，我们常听到叹息、听到怨恨、听到责难，甚至已有人将情感挫折（感情易变、婚姻破裂、现实生活所生的爱情障碍等）视为人生境遇的一大悲哀困阻。然而，面对曾经真情的消逝，我们在叹息爱情脆弱的时候，是否曾反省过自己：自己真的做到竭尽所能地去珍惜爱情、呵护爱情、挽留爱情了吗？爱情是人与人之间强烈的依恋、亲近、向往，以及无私专一、并且无所不尽其心的情感。在汉文化里，爱就是网住对方的心，爱就是珍惜彼此的情。在人生际遇中，感怀于他人的爱情，是观赏；伤怀于已逝的爱情，是突然；唯有珍惜我们正拥有的爱情，才是可贵。

爱情是脆弱的，爱情只滋生于人之真诚的内心，只娇媚于一颗真心的珍视与呵护，一个人对爱情的不善把握很容易使真爱成为"曾经沧海"，成为遗憾终身的"追悔莫及”;爱情,也很有可能在不可预知的人生蹉跎中凋零而落,有可能在不测风云中成为“天上人间”的天人永隔。

某卫视曾经讲述过一个催人泪下的爱情故事,一个女孩和一个男孩相恋,女孩一直沉浸在男孩的百般呵护中,但却认为这些都是男孩理所当然应该做的。与男孩在一起,她虽然感到快乐、幸福,但并没有感动和相惜,她经常对男孩发脾气,要他为自己做这、做那,却很少主动地关心男孩、体贴男孩。女孩知道自己是爱男孩的,她愿意与这个能够全心全意地照顾自己、满足自己的男孩在一起,但她总是认为自己现在被宠爱是应该的,心想等到结婚以后,自己一定会做一个好妻子。

可是,就在一天晚上,女孩在回家的路上对男孩耍脾气,不管不顾地一个人跑到马路中间去,这时一辆车急驶过来,男孩在那一瞬间冲到马路中央,将女孩推开,自己却倒在血泊之中。男孩就这样再也没有醒过来,在失去男孩之后,女孩才意识到自己是多么的不能承受这份真爱的失去,她痛心,更后悔。她后悔自己当初没有好好地去向男孩表达自己的爱,没能做一个温柔体贴的女朋友,她为自己对男孩的亏欠深深自责,更为失去男孩而痛苦万分。后来,这个女孩将男孩送给自己的情侣戒指戴在手上,将另一枚男戒挂在项链上,从此她戴着这两枚戒指孤独度日,很难再接受新的恋情。在节目现场,女孩强忍悲伤地说:“我没有办法再接受新的感情,因为他(男孩)的离去在我心里形成了一层浓重的阴影,这阴影交织着悔恨与留恋。如果当初我能够好好地珍惜他对我的一片情意,不那么任性、不那么以自我为中心,就不会导致今天的悲剧发生。如果爱有来生,我一定要在来世找到他,做一个懂得珍惜爱情的女人,做他的好妻子。”在节目最后,女孩流着泪对观众说,希望大家都能够珍惜自己所拥有的爱情,不要错过、不要放开,紧拉他的手,更不要让悔恨终身的事情发生。

女孩期盼着爱有来生,可是爱真的有来生吗?电影《爱有来生》你有看过吗?在《爱有来生》中,错过今生爱情的阿明和阿九,在来生相遇,等到的又是什么呢?一个是站在树下苦苦等了50年的鬼僧,一个是已为人妻、已拥有了美满爱情与美满家庭的人。

在茫茫人海中,遇到两情相悦的爱人是来之不易的缘分,遇到他或她,请一定要好好珍惜。不要为自己的人生酿造任何追悔莫及的苦酒，要知道：爱，只在今生；错过，便再无可求。

❖亲人之情不可轻❖

亲人，就是这个世界上唯一与你存系血缘之亲的人，亲人会成为这个世界你最有力的依靠；亲人，是这个世界上唯一与你有着原始情感与斩不断的筋骨相依的人，亲人之情，是最不可轻视的感情。

有哲人说："没有和平的家庭，就没有和平的社会。那些博得了自己子女的热爱和尊敬的父亲和母亲是幸福的；那些被父母关爱、教育的子女是幸福的；那些拥有兄弟姐妹、手足之情的人们是幸福的。在人类社会中，父母的爱是永远不会枯竭的爱之源泉，父母的美德是一笔取之不尽的巨大财富，兄弟姊妹之情是自己血脉相连的另一半生命。"这段哲言，是对亲情透骨入髓的阐述，充分表述了亲人之情的重要性、无私性、不可割舍性。

中国幸福学对亲情的定义是："亲情就是存有血缘关系的人之间所存在的一种特殊感情，亲情的定义就是：人们渴求为亲人付出一些或者全部所有的思想。"这一定义明确指明了亲情所具有的一种奉献精神，这种奉献精神存系于亲人之间与生俱赋的血缘关系，这就是俗话所讲的"打断骨头连着筋"的、任何感情都无可替代的血脉之情。

一个人，应该重视亲人之情，因为亲情是唯一一种与生俱赋且不会因为任何突变而消逝或终止的感情。在人的一生中，从第一声啼哭开始，所拥有、所体会到的就是亲人之情；在一个人一生的岁月中，因为人生风雨、因为现实蹉跎，朋友可能会离你而去、爱人可能会弃你而去，此时友情、爱情都会因为你们之间关系的结束而终止，但唯有亲情仍然存在，唯有亲人会在任何情况之下都给你一个停泊的港湾。因为亲情是一种血缘之情，在人际交往中任何关系都可以终结，唯有血脉永不会被斩断；更因为亲人之情是一种本能之情，它或许不时常被你感知，但却是与你呼吸同在的一种牵挂、一种惦念，一种所有动物都拥有的原始之情。有人说："右手亲情，左手爱情"，亲人之情永远是一种处于生命第一本位的情感。

一个人，应该重视亲情，因为亲情是一种最具无私性、最具奉献性、最具包容性的感情。要知道亲情特指亲人之间的一种特殊感情，这种感情不会因对方的改变而改变，无论对方是贫穷还是富有、无论对方是健康还是疾病、无论对方是善是恶，这种感情都是一生与生命共存的牵系。也许你会想，这些"无论"不正是庄重的婚礼之上爱人双方间给予对方的承诺吗?怎么能说它是亲情的最大特性呢?是的，我们必须承认，在这个世界上有很多无论在任何情况下彼此间都相濡以沫的恋人，也存在处于任何情况之下都能肝胆相照的朋友，但当人们的生活发生变故的时候，夫妻之间存在着太多"大难临头各自飞"的"同林鸟"，朋友之间存在着太多落井下石、背信弃义之辈。与此相比，唯有亲人可以陪你苦、陪你痛，给你希望、给你力量。

一位教授曾经在课堂上给大家发了一份问卷，问卷的内容是这样的：有一个男人和一个女人之间存在着非常深厚的感情，这个男人是一个非常富有的成功人士，这个女人是一个非常有气质的漂亮女士。他们之间的感情非常和谐，他们家庭的生活也非常幸福。针对这种情况提出了两个假设问题：如果有一天，这个男人因为意外导致企业破产，从此丧失万贯家财，沦为一无所有的贫民，那么这个女人还会一如既往地爱他吗?如果有一天，这女人因为车祸导致严重毁容或者残疾，从此失去了美丽的容颜和健康的身体，这个男人还会一如寻常地爱她吗?每个问题的答案都是：会、不会、也许会3种情况。教授要求每个同学都认真地分析一下问卷中所描述的情形，然后用心地给出自己最中肯的答案。

当问卷收上来之后，教授看到大部分同学对第一个问题的回答是“也许会”，一部分同学对第一个问题的回答是“不会”；而大部分同学对第二个问题的回答是“不会”，一部分同学对第二个问题的回答是“也许会”；对于这两个问题都只有个别同学的回答是“会”。教授看了之后，随即问道：“你们能针对3个不同情况的答案，分别派出个代表阐述一下选择的理由吗？”这时，大家的一致意见是：对于男女之间的感情来讲，物质与精神都是所必须考虑在内的条件，并且男女双方间都不会希望对方成为自己的负累；在两种情况的对比分析下，女人对男人的贫穷接受程度会比男人对女人的负累的接受程度要高一些，但从客观情况而言，两者都很难做到完全地接受彼此。

教授听后，略微沉思了一下，然后说：“你们之所以这样认为，是大家首先将这对男女定为了恋人或者夫妻的爱人关系。如果，我现在再假设一种情况，这对男女之间的关系如果假定为父女或者是母子，那么在同样发生上述两种意外的情形之下，你们认为他们二人会做出怎样的选择呢？现在我要求大家重新根据这个假定情况再回答一遍问卷。”很快，学生们便都回答好了问卷，这一次的答案是100%的“会”。教授看后，笑着说：“现在，很多人因为工作忙而忽略对父母的关心；很多人因为恋爱忙，而忽略对父母的问候；很多人因为交际忙，而忽略对父母的关爱；很多人花大精力过情人节、圣诞节，却在父亲节与母亲节的时候忘记打一个电话；很多人记住朋友的生日、恋人的生日，却忘记父母的生日。很多人对父母尚且如此，更不要谈对兄弟姐妹的关爱与惦念了。通过这个问卷，我就是想要大家明白一个道理：亲情，尤其是父母之情，是这个世界上最为有始有终的可贵感情，即便在最残酷的情况下，全世界都背叛了你，但亲人永远会接纳你。因而，无论在任何情况下，希望大家都不要忽视亲人之情，尤其不能辜负父母之恩。”

读完这个故事，再无须多言，这位教授的这份问卷与他的一番言语，已将对亲情的重视阐述得极为透彻了。

亲人，就是这个世界上唯一与你存系血缘之亲的人，亲人会成为这个世界你最有力的依靠；亲人，是你这个世界上唯一与你有着原始情感与斩不断的筋骨相连之联系的人，亲人之情，是最不可轻视的感情。

❖爱人者，人恒爱之❖

爱别人就是爱自己，只有多给予他人温暖的人，自身才会得到更多的温暖；只有给予他人更多爱与帮助的人，自身才会得到更多爱与帮助。爱人者，人恒爱之，只要你能够释放自己的爱心，就能够温暖你周围的人群；因而，你也便会得到更多人的爱与温暖，才会更好地构建你的人生发展。

《孟子》中说："君子所以异于人者，以其存心。君子以仁存心，以礼存心。仁者爱人，礼者敬人。爱人者，人恒爱之；敬人者，人恒敬之。"这句话的意思就是说：仁爱的人爱别人，礼让的人尊敬别人；爱别人的人，别人也经常爱他；尊敬别人的人，别人也经常尊敬你。"简而言之，就是人要懂得施爱于人的道理。

在这个世界上，施爱与受爱是相辅相成的，懂得给予他人爱心的人，才会同时得到他人之爱。有哲人说："我爱人人，人人爱我，爱在我与人人之间畅通，这才是爱的不可抗拒的法则。"也就是说，爱是相互的，你想要在你的人生中收获更多他人之爱，首先就要懂得如何去付出爱。我们常说吝啬的人决不会富有，同理，吝啬于爱的人，也决不会得到爱。

无论在任何环境下，无论在任何状况中，一个人都不是孤立存在的，如鲁宾逊一样的“自力更生”的孤岛生活，在现代社会早已成为历史故事中的童话传说。人总是需要他人之爱的，尤其在人生发展的道路上，没有他人的相助、扶持、关爱，走个人主义路线之人，是永远都无法获得成功的。因而，一个想要谋求自身发展、实现人生理想、创建辉煌成功的人，就必须学会去施爱于人，从而赢得更为广大和深厚的他人之爱。

在美国，曾经有一位老人经常在波士顿法院的大门外修鞋。这个老人会在法院的每一次开庭庭审时，都到现场去旁听。有一天，这位老人看见一个年轻人被带进了法院，凭借自己多年以来的观察经验，这位修鞋老人觉得这一定又是因为在公共场所酗酒闹事而被拘捕的。在当时，法院对酗酒闹事的人处刑并不重，只要闹事之人能够交上一小笔保释金，就可只判一年的“监外看守行为”；但是，如果没有人替闹事者缴纳这一小笔保释金，他就要过一辈子苦闷的监狱生活。这天，修鞋老人走到被带进法院的这位年轻人的身边，询问他闹事的经过以及家庭情况。年轻人对老人讲，自己小时候父母离异，所以一直跟着爷爷生活。因为自己经常酗酒打架，让爷爷非常伤心，觉得对不住爷爷，也对不起自己的女友。说到痛心处，年轻人留下了伤心的眼泪。老人看到年轻人的真诚与苦楚，便在开庭时主动要求帮助年轻人缴纳保释金。年轻人当时被老人的爱心感动地痛哭流涕，并当场向法官和老人保证，从今以后一定好好工作，再不酗酒。法官当时被老人的善举和年轻人的悔意感动，于是答应由修鞋老人为其缴纳保释金，在观察 3 周之后再判刑。这个年轻人在这 3 周内，果真滴酒未沾，积极工作、照顾爷爷，还到孤儿院去做义工。法官了解了他的情况后，没有对他再进行任何责任追究，只是象征性地罚款 1 美分。年轻人对这位老人感激万分，至此多年，年轻人一直如亲生儿子一般地去照顾、关怀那位施爱于自己的这位陌生的修鞋老人。

更为值得一提的是，当时修鞋老人爱心和法官灵光一闪的“一美分罚款”开创了美国司法史上一种全新的“惩罚与教育”相结合的处罚思想。在此以后的 17 年中，这位修鞋老人一共为两千多人交纳过保释金，教育了两千多人，他用爱心改变了两千多人的命运。老人的爱心之举轰动了美国社会，并且影响了美国的司法制度进程，并且后来美国麻省法院还正式设立了一个“缓刑司”机构，开创了一种“仁心忍术”的新刑事司法制度。在之后的几年中，美国30多个州纷纷效仿麻省法院，设立了“缓刑司”。修鞋老人也因此而受到美国社会公众的爱戴与尊重。

这位修鞋老人就是美国法律史册上被誉为“缓刑之父”的约翰·奥古斯都，他对美国后人的影响完全不逊于美国的任何一任总统。

就是这样一位贫穷、丑陋的老人，就是这样一位平凡得不能再平凡的修鞋匠，凭借着自己的一颗仁爱之心，最终享有了和美国总统一样的声誉，并在美国史册上名垂千古。因而哲人说：“即便你再穷困潦倒，即便你已经一无所有，只要你还存有一颗仁爱之心，那么，你便能创造出人生的奇迹。”

王力宏的一句歌词是这样唱的：“爱你就等于爱自己。”在生活中，多施爱于人，就是在为自己铺筑通向人生成功的康庄大道，更是在为自己创造意想不到的生机。

《启迪》中曾经讲述过这样一个哲理故事：有一个男人行走在尼泊尔的山路上，山路已被大雪覆盖，并且狂风和暴雪依旧在以疯狂之势吹刮着。他在暴风雪中走着，感觉寒风刺骨，这时他遇到一个旅行家，便与这位旅行家同行。当他们走到山路中间时，看到一个老人倒在雪地里，都快冻僵了。于是这个男人对旅行家说：“请你帮帮忙，我们一起带他走吧，不然这个老人会冻死在这里的。”谁知旅行家听后不为所动地说：“这样恶劣的天气，我们自己照顾自己都已经很吃力了，哪还能顾得上这毫不相干的人！”说完，便顾自转身走了。男人见状，只好自己背起老人，艰难地向前走去。因为背着人在这样的大雪地里顶着风前行很吃力，男人在刺骨的寒风中竟然全身都被汗水打湿了。可是，男人始终都没有放弃，一直背着老人向前走，并且依靠自己的体温暖化了冻僵的老人。他们二人，就这样凭借着彼此的体温取暖，抵御着风雪的严寒。后来，他们来到了一个小村庄，终于可以有人家躲避风雪了。就在他们到达村口的时候，男人发现一群人都围在路口观看并议论着什么，他挤到前边去一看，原来是那个只顾自己活命的旅行家倒在雪地里，身子僵硬，已经冻死了！

这个男人不但因为背着老人前行激发了身体的大量热量，并且与老人彼此相互取暖而没有冻死，后来还被老人召为上门女婿，继承了老人的家产。并且，在3年以后，他凭借自己的爱心赢得了全村人的拥护与尊敬，被推举为村长。

可见，爱别人就是爱自己，只有多给予他人温暖的人，自身才会得到更多的温暖；只有给予他人更多爱与帮助的人，自身才会得到更多爱与帮助。

爱人者，人恒爱之，只要你能够释放自己的爱心，就能够温暖你周围的人群；因而，你才会得到更多人的爱与温暖，才会更好地构建你的人生。

乐善好施，关心他人

乐善好施，不仅是一种社会文明和社会需要，它更是一个人自身道德修养的表现与升华。孔子曾经说："志于道，据于德，依于仁，游于义。"这句话所阐述的就是中华民族文明几千年以来的传统文化价值核心，这句话警醒后人：乐善好施，无论是对于人类社会发展，还是对于个人人生发展角度讲，它都是和谐发展、畅通进步的原则和保障。

宋朝学者张君房在《云笈七签》中说："使人乐善好施，恭孝以修仁，则心和而神全也。"意思就是说，对待他人乐善好施的人，以谦恭和仁孝的心修道仁义，可以修身养性、安宁心神，可以使自己具备在人类社会得以发展的精神、素质、保障。

世界首富比尔·盖茨曾经在自己50岁生日时发表了一个重要声明：在自己去世之后，要把自己一生所赚取的巨额财富全部捐献给社会，而不是将其作为遗产留给子孙后代。当即，比尔·盖茨的这一声明便在全社会引发了关于乐善好施的讨论。比尔·盖茨只是平静地说:“我的财富不是我一个人创造的,而是这个社会所给予我的,是他人与我共同在这个社会中创造了这些财富。在我的一生创业生涯中,我充分感受了施善和被施善所带给我的快乐,也正是这样一种人与人之间彼此互动的善德铺助了我的成功之路。我将财富施善于社会,不是为了名垂青史,而是为了回报,更是为了要我的子孙后代以及这个社会的所有后人懂得一个道理:人,在任何时候都要谨记施恩于社会与他人、施善于社会与他人,只有懂得乐善好施之人,才能真正享受到人世间的博爱与温暖,也才能够更好地建树自己人生的成功;你,都不可成为一个自私自利之人,自私之人永远心无光明。”

比尔·盖茨的一番话给我们了留下了深刻的启示:人生在世,唯有以乐善好施给予他人以关爱,你才能开启自己享受他人关爱的阳光之窗,得到人生发展所需要的社会力量支持;唯有以乐善好施给予他人以帮助,才能打开人间温情传递的渠道,因此而享受到人生的愉悦。

马克·吐温曾经说:“善良,是一种世界通用的语言,且盲人可感之,聋人可闻之。”雪莱曾经说:“善良的倾向是人类心灵所固有的,我们被自己驱使去为他人谋求福利。我们做了使人类幸福的事之后总感到满意。”乐善好施,自古以来,便是这个世界上永恒不变、永世存在的思想和行为,它是人类文明、社会文明所共有的精神美德,是人类共生、共谋发展的基础条件。就如康德所言:“这个世界上唯有两样东西能使人的心灵受到震撼,一是人们头顶上的星光,一是人们内心崇高的道德标准。”

乐善好施,不仅是一种社会文明和社会需要,更是一个人自身道德修养的表现与升华。孔子曾经说:“志于道,据于德,依于仁,游于义。”这句话所阐述的就是中华民族文明几千年以来的传统文化价值核心,这句话警醒后人:乐善好施,无论是对于人类社会发展,还是对于个人人生发展角度讲,它都是和谐发展、畅通进步的原则和保障。一个人唯有怀有善良之心、关爱之心,懂得尽己所能地从物质与精神层面上去关心、帮助他人,才能获得与人相容、与社会相和谐的生存发展条件。一本古书中曾经讲述过这样一个哲理故事:

从前有一个村庄,一连两年都因天气原因而收成不好,因而村民们这两年的日子过得十分艰辛，经常缺粮食，每一户人家都节衣缩食，连一粒粮食都不敢轻易浪费。有一户人家家里有4个孩子，女人还经常生病，一家人的用度全靠男人卖柴、打猎来换取粮食维持生计。他的邻居非常了解他家的情况，就想：这一家人的生活是多么艰难啊！如果我们家每天少吃一口饭，就可以使他家的一个孩子不再饥饿。于是，他每天都舀一碗米，悄悄地放入这个以打柴为生的男人家的米袋中。邻人因为害怕伤害打柴人的自尊心，更不想让打柴人一家总是背负着对自己的感恩之心，所以他一直都以这种方式悄悄地做。

后来，邻人家发生了一场意外的火灾，烧毁了房屋与粮仓，因而一家人的生活陷入了举步维艰的困境之中。这时打柴人和妻子一同来到他家，极为真诚地要求邻人一家搬去自己家里住，打柴人说："兄弟呀，我知道这两年以来，你一直在默默地帮助着我们。最初我并未察觉，可是过了一年以后，我们发现自己家的粮食总会下去得很慢，而且还有增多的迹象，所以我就暗暗观察，才知道是你一直在暗中帮助我们。因为我们的确需要你的帮助，而且不想破坏你不告知的这番良苦用心，所以一直没有言明。但是今天，你家遭遇了如此的劫难，我怎么能袖手旁观呢？你一家人就搬到我家来生活吧，相信凭我们一起打柴、打猎总是可以维持这一大家的生活用度的。更何况，田里的收成也会一年一年地好起来，到时你再翻盖新家，现在就委屈你一家人在寒舍屈尊一下吧！"邻人听了打柴人的话，顿感雪中送炭之温暖。

就这样，这邻里两家合为一家度日，两个男人每日上山打柴、打猎、开荒，两个女人每日在家照顾老人、孩子，下田种菜。因为两家人的力量合在了一处，他们的日子过得也不再像以前那样艰辛了，并且渐渐好转起来。后来，他们两家人在一起盖了一幢大房子，在一起开垦了一大片荒地，并把之前各自的田地也合在一起，成为相亲相爱的一家人，并逐渐成为全村里面最富有的一家人。他们这种相互扶助的联合方式，迅速在全村中产生了良好的影响，全村人逐渐形成了一个互助联合体，取得了前所未有的发展，每一户人家都过上了好日子。

在这个故事中，邻人因为对他人乐善好施、心存关爱，而使得自己在身陷困境之时获得了他人的倾力相助；打柴人因不忘他人之恩、心存善念，在邻人陷入困境时真诚地给予关爱、伸出援助之手，使得自家的生存发展也脱离了困境，并最终步入了"小康"生活。试想，如果他们之间都只顾自身利益，自私自利，不曾给予对方善意的关心与协助，他们两个人的最终境遇又会是什么呢?答案是显而易见的，他们无疑会在困境的泥淖中煎熬，不会有各自的发展。

一个人想要在人生发展中获得成功，那么，乐善好施之美德、关心他人之善举是必不可少的精神。

❖真情实意的人际关系❖

真情实意，是要以真示人、以诚待人，并要能够长久地坚持。我们说为人处世要讲究真情实意，不仅仅是指你在某件事或者某种场合中坚持"真情实意"的原则，同时更是要求你能够在人生、生活中长期地坚持"以诚待人"，能够使"真情实意"的交往原则形成自身的一种惯性习惯。果真如此，你会在任何困境中，都能够得到付出"真情实意"的真诚回报。

相当著名的"演讲与口才"、"人际关系"培训学校的校长卡耐基曾经说："一个人的成功只有15%是靠专业知识，而85%则要靠人际关系和为人处世的技巧；对于人际关系和为人处世的技巧而言，永远没有绝妙秘笈，它只有一个具有要害性的基本原则，即真情实意。"卡耐基之言，以最简洁的方式和最深刻的启示告诉我们：一个人欲获得人生成功，必须懂得并善于做到构建自己真情实意的人际关系。

人际关系，是人们在生产生活活动的过程中所建立的一种社会关系，包括亲属关系、朋友关系、恋人关系、同学关系、师生关系、占有关系、同事关系、雇佣关系、合作关系以及领导与被领导等等各种各样的人与人之间的关系。人的生存与发展离不开人际交往，任何一个人都无法脱离人际关系而孤立存在、孤立发展，并且不能成功构建良好人际关系的人，永远也不会获得人生的成功发展。哲人说："人际关系是建立幸福、和谐组织、安定社会与世界大同的首要解决问题；人际关系，更是决定个人自身发展前景、发展宽度与广度的支撑与框架。"从这个意义上讲，任何一个想要在各种人生境遇中实现理想目标，都需要先为自己的发展路途铺筑好桥梁与阶梯，搭建好自己发展空间的基础台柱。而一个良好的人际关系，必须是要依托"真情实意"这样的基石去构筑。

真情实意，无须多言，即要求人在与人交往中要真实诚恳、坦诚相待。要知道，人与人之间的交往原则是遵循平等、相容、互利、信用之原则的，这些所必须遵循的基础原则，其实就是一个"真"字和一个"诚"字。俗语说"以真心换真情，以真情换真意"，脱离信用、赤诚、真心的虚假之情、虚伪之交、虚妄之为，是无法使你成功建筑良好的人脉关系的，更无法使你收获可以在困境之中为你雪中送炭、可以在危急之中为你排忧解难、可以在需要之时为你播洒"及时雨"的良师益友的。

在韩国的一家大型公司中，有一个清洁工，他一直被人忽视，公司里的员工看不起他。一天晚上，公司遭遇了盗贼，有人盗开公司的保险箱，准备行盗，当时已过了下班时间，公司里已经没有什么人了，这个清洁工与盗贼进行了殊死搏斗，最终保护了公司财产。事后大家都感到非常诧异：这个平日里毫不起眼儿的清洁工，哪里来的勇气做出如此一番英雄之举呢？当别人问到原因时，这位清洁工有点不好意思地说："因为我们公司的总经理每次在我身旁经过时，都会热情地问我累不累，还经常发自真心地表扬我'地扫得真干净'。每次我的生活遇到困难时，他也都会及时发觉，向我询问，然后给了我很多帮助。总经理对我一片真情，我奋力保护他的财产，是应该做的。"

常言道"路遥知马力，日久见人心"，真情实意才是人与人之间相互信赖、相互友好的基石。人唯有在平日的交往中能够做到"以心换心，将心比心"，才能折射出自己的心灵光芒，才能显示出自己的品质魅力，才能打开人间真情的门扉，开启“广结善缘”的人脉金字塔的能量之锁。

尼泊尔的喜马拉雅山南麓是一个非常著名的旅游胜地，而在多年以前，那里很少有外国游客涉足。喜马拉雅山南麓之所以会成为现今这样一个旅游胜地，是从一个非常感人的诚信故事开始的。事情是这样的：在几年前，有一个日本游客到这里观光旅游，在旅游的时候要当地的一位少年帮助他买一瓶啤酒。这位少年很爽快地答应了他，并且了跑了3个多小时的路程，为他买来了一瓶啤酒。第二天，这位少年仍然主动热情地帮助这位日本游客买啤酒，这一次日本游客给了少年很多钱，要他一次多买一些啤酒回来，最好买上10瓶，顺便再买一些其他食品。这一次，少年走后，一直过了3天都没有回来，日本游客和其他人都认为是少年骗走了钱，再也不会回来了。可是，就在第三天夜里，少年来到了日本游客的住处，一次交给了日本游客10瓶啤酒。原来，少年在最近的商店里只买到了4瓶啤酒，于是他就又翻过一座山，趟过一条河，去另外一家商店买了另外6瓶啤酒。可是在回来的时候，因为不小心，打碎了3瓶啤酒，少年为此非常懊恼。少年一面将啤酒和一袋食品交给日本游客，一面哭着说对不起，请求日本游客原谅他不小心打碎了3瓶啤酒。少年的诚挚之心感动了在场的很多人，更深深地感动了这位日本游客。这里的游人在走后，都一直对这件事念念不忘，到处宣传。后来，喜马拉雅山南麓的游客越来越多，并且有了越来越多的外国游客。现在，这位以真心待人的少年，已经成为这一旅游胜地颇有名气的导游，每一个游客都在传诵着他的热情，并且几乎由他带队的每一位游客都得到过他的真诚帮助，很多游客在回国之后，仍旧和少年保持着联系，并时刻表述如果少年有什么需要帮助，他们一定会尽己所能。

这位少年，以真心赢得了自己成功的人生，更以真心赢得了友情与赞誉。试想，如果少年当初心存私念，真的骗走了日本游客的钱，或者没有尽心尽意地去完成日本游客所交代的嘱托，他的人生还会如此的一番景象吗？

真情实意，是要以真示人、以诚待人，并要能够长久地坚持。我们说为人处世要讲究真情实意，不仅仅是指你在某件事或者某种场合中坚持“真情实意”的原则，同时更是要求你能够在人生、生活中长期地坚持“以诚待人”，能够使“真情实意”的交往原则形成自身的一种惯性习惯。果真如此，你会在任何困境中，都能够得到付出“真情实意”的真诚回报。

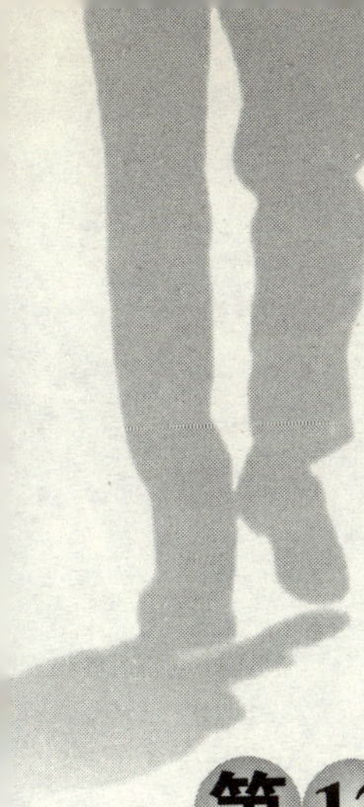

第12辑

面对流言，

要有“煮茶声里独支颐”的超然心态

有人的地方就有流言。面对流言，人们往往表现出一种过于慌乱畏惧和在乎的心理，以至于被流言弄得心情糟糕，甚至精神恍惚。其实，只要我们具备了“煮茶声里独支颐”的超然心态，了解了流言的本质，也就不会这么在乎了。面对流言，改变能改变的，接受不能改变的，用一颗超然的心，接纳和化解它，这才能让我们微笑面对生活和工作。

有些流言不必太在乎

我们不必太在意所谓的流言。有位名人曾经对流言有过这样的概括:“倘若世界上有什么可以超过光速的话,那么我想一定是流言。”为流言而烦恼,恰是散布流言者所希望的,我们的在乎正中散布者的下怀,这很不理智。面对流言,何必在乎呢?让我们的心如大海,一笑了之吧!

人在这个社会中生活和打拼,就免不了要受到流言的袭扰。我们的周围,或多或少地都存在着一些背后的评论,甚而在一个人离开这个世界之后也平息不了。大家都有这样的想法,有谁能不在背后说人家的闲话呢?有谁又不在背后被人家议论呢?古今中外,无论是伟人还是一些出了名的人,都避免不了被人评论的结果,作为平平凡凡的我们,也就更加难以避免这种所谓的评论了。评论偏离了事实,也就成了流言,会让人受到精神上的伤害,有的人甚至被流言困扰的精神错乱,以至于最终以结束生命的极端方式来表达对流言的抗争。流言是可怕的,众口铄金,积毁销骨,不真实的东西,说的人多了,也可能就成为了人们眼中“真实”的东西。汉语里面就有很多概括流言力量的成语,“三人成虎”、“曾子杀人”等等,可见流言对人的伤害何其严重。

其实,我们何必对这些流言太在乎呢?流言只所以称为流言,就是因为它是不真实的,是诽谤性的,为了这种不真实的话而伤神,是一件非常不值得的事情。

曾经有一个青年,不远千里地去请教一位德高望重的高僧,想要解除自己的烦恼。“我只是一个与世无争的读书人，从来不参与别人的事情，也不在背后传播别人的流言，招惹什么和自己不相干的是非，但是不知道为什么，我身边的一些人，总是用流言来中伤我，用恶言来诋毁我。一天又一天，我实在受不了了，想求大师帮助我遁入空门，以求解脱。”

大师听了他的话，微微一笑说：“施主何必急于出家呢，你同老衲一起去院外的树下捡一片树叶，就可知道将来的事情。”大师说完，径自走向庭院，青年茫然地跟着，出了寺院的大门，来到一条小溪边。大师顺手从一株菩提树上摘下了一片绿叶，又叫旁边的小和尚拿来一只木桶和一个舀水的瓢。大师捏着菩提叶对年轻人说：“你是不沾惹尘世间的是非，远离了别人的事情，就像现在我手中的这片叶子。”说着，大师把手中的绿叶丢进了旁边空空的木桶里面，又指着那木桶说：“可如今，施主受到流言的侵扰，是不是犹如这菩提叶掉入桶中，深陷桶底呢？”年轻人深有同感，不住地点着头说：“现在的我，就是这片桶底的叶子啊。”大师将木桶放在小溪旁边的一块石头上，抓起瓢，从小溪中舀了一瓢水说：“这一瓢水，就是加之施主身上的一句流言，企图让施主深陷水底。”说着，就哗地一声把那瓢水都倒进了木桶里，桶底的叶子激烈地在桶中随着水流荡动着，过了一会，就平静了下来，静静地漂在水面上了。大师又弯腰舀了一瓢水说：“这是世上的那些庸人对你的一句恶意的诽谤，还是想要打沉你，但是施主请看。”说着又将手中的一瓢水都一股脑儿地倒在了木桶里面，但是树叶只是晃了晃，还是漂在了水面上。年轻人看了看木桶里的水，又看了看那片漂着的树叶，说：“虽然桶中的水越来越深了，但是这片树叶却毫发无损，一直漂荡在水面上。”大师听了以后，微笑起来，又开始舀起水来，一瓢又一瓢，接着说：“所谓的流言，是无法击沉一片树叶的，抖掉落在身上的一句句的流言和蜚语吧！不仅不会沉到水底，反而因为流言蜚语的不断增多使自己也跟着不断地提高，一步步地远离桶底了。”

大师说着，手里还是一瓢一瓢地倒水，不久，整个木桶就满了，那片菩提叶也终于浮到了桶口，深绿色的叶子，像一颗坚实的心，在水面上晃动着。大师看着这片叶子，感叹道：“再有一些流言就好了。”年轻人听了很是不解，问道：“大师为何盼着流言增多呢?”大师笑了笑,随手又舀了一瓢水,木桶里面的水溢了出来,那片叶子也随着四溢的水漂荡到了旁边的小溪里面,悠悠地顺水漂走了。大师说:“很多的流言和蜚语,终于帮助这片叶子跳出了桶底,并让这片叶子顺着小溪漂向了大河、大海,走向了更广阔的世界。”

青年顿时明白了大师的意思,高兴地跳了起来。“我知道了,知道了,一片树叶永不会沉入到水里,流言也只能把原本纯净的心冲洗得更加纯净。”大师欣慰地笑了起来。

所以,我们不必太在意所谓的流言。一位名人曾经对流言有过这样的概括:“倘若世界上有什么可以超过光速的话,那么我想一定是流言。”演艺圈中,也不乏太在乎流言而殒命的明星,比如说20世纪香港的著名女影星阮玲玉,就是因为忍受不了流言而自杀的。鲁迅先生说:“惨象已使我目不忍视了,流言尤使我耳不忍闻。”这恰恰说明了一个道理,越在乎流言,就可能被它伤害得越深。就像那种无声的传话游戏,刚刚开始的一句话,传到了最后,就变得不成个样子了。杀人有罪,流言的卑鄙之处就在于它可以杀人,却又让人难以捉拿到凶手。倘若我们真的在乎了,认真了起来,那么肯定会有一大堆的人难逃责任。所以说,如果我们在乎了所谓的流言,就等于把自己陷入了一个悲哀的境地,危险得很。

为流言而烦恼,恰是散布流言者所希望的,我们的在乎正中可散布者的下怀,是不理智的。面对流言,何必在乎呢?让我们的心如大海,一笑了之吧!

为自己活着，才会感到轻松

为自己活着，坚持走自己的路，不要在乎别人的眼光和流言，这样我们才能活得轻松快乐。人生之路很漫长，能够坚持走自己的路、为自己而活的人，才能活出真的本性。为自己活着，才会感到轻松，不在乎流言，才能活出生命的本色！

人们畏惧流言的一个很重要的原因就是太在乎别人看自己的眼光了，活在别人的品头论足当中，为了别人的言语而活着，这样的生活会很累很烦。其实，为自己活着，不在乎别人的流言，才会让自己的生命充满快乐，才会时时刻刻感到轻松和惬意。

人生短短几十年，做自己想做的事，追求自己喜欢的人，说自己想说的话，不受什么条条框框的约束，也不受制于别人的评论，这就能称得上为自己活着。为自己活着，即使外面的流言再凶猛，也伤害不到我们分毫，这算是一种至高的人生境界了，让人向往和羡慕。但是在一般人看来，这种生活可望而不可及，只为自己活着，那是彻头彻尾的自私。但是，我们必须反驳一下这种观点，只为自己活着，是自私，我们不反对。但是，人为了自己活着，却是一种切切实实的轻松和大度。很有名的一句话，道出了人们对这种轻松和大度的向往，即走自己的路，让别人说去吧！是啊，我们为自己活着，管别人说什么呢？要是只听别人的说法，我们也就别想清静地生活了，我们的工作也会变得乱七八糟，那样，还能活得舒舒服服？为别人活，在他们的叽叽喳喳、指指点点当中，我们非得一头撞墙不可。当我们据理力争或者生闷气，把自己弄的生病了、住院了、晕倒了，还会有人在我们的背后戳我们的脊梁骨，说我们“小心眼”什么的话，所以，这种在乎别人、为别人而活的生活态度，是行不通的，干脆也就不去理会它了。只有为自己活着，我们才能事事看得开、悟得透，不会被外在的流言所左右。为自己活着，我们才能无愧于在这世界上走一遭。说一句话就能表达自己的心声，不管别人怎么说，说好了也是我，说坏了也是我，别人说我好我未必真的好，别人说我坏我未必真的坏。假如我们在乎了别人的闲言碎语，我们可能会在这个世界上寸步难行，正所谓身正不怕影子斜，自己坦坦荡荡，我就是我，别人再怎么说也不能把我变成他，把他变成我，我不用为了别人活着，别人也不用为了我而活着。世人能看透这一点的其实很少，所以才会在乎别人嘴里的流言，才会让自己活得很累很苦。

当然，为自己而活，并不是意味着放弃自己的社会责任。为自己而活，强调的是认准人生方向后的那份执著，强调的是那份淡定轻松。从这个角度上看，为自己而活，是可以和社会责任很好地统一在一起的。

有一天，神闲着没事，就用泥巴造出了3个人来。神问第一个人：“到了地球上，你想怎么过自己的一生？”第一个人想了想，回答说：“我要像您一样，用自己的生命作奉献。”神又问第二个人：“到了地球，你想做些什么？”第二个人想了一会，说：“我要利用生命中的每一分每一秒去享受。”神又问第三个人同样的问题，第三个人也想了想，回答道：“我既要创造发明，也要享受人生。”听了这3个人的话以后，神给第一个人打了50分，给第二个人打了50分，给最后一个人打了满分。神认为第三个人才是自己的杰作，是最完美的，为此甚至想多造几个如同“第三个”一样的人。但还是忍住了创造的欲望，把这3个人送到了地球。

第一个人来到世间，表现出了超常的奉献感和创造力，为自己而活，不在乎周围的人说他傻，开始的时候受到了很多流言的困扰。但是他相信，为自己活着，就是为了自己的理想活着，因而他没有放弃自己最初的诺言，为世界上的许多人作出了贡献，提供了帮助，但从来不计较别人的回报。他为真理而奋斗，屡遭误解也毫无怨言。慢慢地，他就成了人们心中高尚的代名词，他的名字被人们永远传颂，被世人在心里无限地崇拜着。当他离开地球的时候，所有人都来为他送行，依依不舍，很多年以后，人们依然念叨着他。第二个人来到地球，表现出了极大的占有欲望和破坏性，为了达到自己的目的，满足自己的欲望，不择手段地攫取财富，甚至无恶不作。时间久了，这个人积累起了很多的财富，生活的很奢华，挥霍无度，一掷千金。又过了几年，这个人因为作恶太多而引起了公愤，受到了正义的处罚，得到了应有的惩罚，被驱逐出了地球。若干年后，他还一直被人们深深痛恨着。第三个人来到人世间，没有特别突出的表现，一切都是平常人的样子，建立了自己的家庭，学习工作，充实地过着每一天的生活。很多年后，没有几个人知道有这么一个人的存在。人类为第一个人打了100分，为第二个人打了0分，为第三个人打了50分。这个分数，才是他们的最终得分。人要为自己活着，为了自己的理想而奋斗，不在乎别人的流言，不被别人的眼光所困扰，这样才能变得轻松起来，才能创造生命的辉煌！

所以，为自己活着，坚持走自己的路，不要在乎别人的眼光和流言，这样我们才能活得轻松快乐。人生之路很漫长，能够坚持走自己的路、为自己而活的人，才能活出真的本性。

为自己活着，才会感到轻松，才会不在乎流言，才能活出生命的本色！

❖流言往往不攻自破❖

我们要坚信，真的不会被人家几句话就说成了假的，假的也不会被别人的三言两语就说成了真的。流言再嚣张、再肆掠，也只是个纸老虎，经不起推敲的。在聪明理智的人眼里，流言往往会幼稚得可笑，不攻自破。

面对和自己有关的流言，我们千万不要在意。所谓的流言，往往都会不攻自破，就像在太阳底下吹起的肥皂泡，再多再绚丽，也会“砰”地一声破灭。有的人在听到有关自己的流言的时候，一笑了之，该做什么还是继续做什么；有的人却为此而忧心忡忡，坐立不安，甚至被流言弄得自己神经衰弱，整夜整夜地睡不着觉，这正中了那些散布流言者的下怀，正可谓“亲者痛，仇者快”，实在是不明智的行为。其实出现这种情况，是因为他们没有看到流言的本质——不真实、没有依据。这决定了所谓的流言，往往是不攻自破的。

只要我们了解到流言不攻自破的真实面目，相信就能很从容地面对流言。因为流言的不攻自破，所以，在遭受到流言困扰的时候，沉默往往是最好的方法。有这么一个故事，非常值得我们借鉴。

在孔子的学生当中，有一个叫曾参的，事有凑巧，在他的老家，也有一个和他同名同姓的人。有一天，那个人在外地杀了人，一下子惹起了很大的风浪，“曾参杀人了”的流言不知道什么时候开始在家乡传播。有人开始把这种流言告诉曾参的母亲，但是曾参的母亲知道自己的儿子品行非常的正直良好，所以很信任自己的儿子，根本就不相信曾参会杀人，所以也就没理睬；不久，又来了一个乡邻，向曾参的母亲报信，曾参的母亲还是没有相信，连头也没抬，做什么依旧做什么；不久，第三个人也跑来告诉曾参的母亲，这些曾母心里一下子没了底，心情突然就紧张了起来。她害怕这件事情会牵连到家里的其他人，就顾不得去核实消息的真伪，急忙把来报信的人赶了出去，插上家里的大门，搬起墙角的梯子，爬上墙头，翻墙逃走了。

曾母在接连不断的流言面前，最终没有抵挡住"曾参杀人"的说法，动摇了自己对儿子的信任。这一方面说明缺乏事实依据的流言是非常可怕的，另一方面也说明，心中看不清流言不攻自破的本质，是要吃大亏的。

在我们的生活当中，想要完全避开流言是不现实的，流言对一些人的杀伤力也非常的强大。法国的莫里哀就说过这么一句话——即使是铜墙和铁壁，也阻止不了流言的传播。其实，流言事实上并没有这么的可怕，关键的问题不在于我们的周围是否有流言，而在于我们个人对待流言的态度和认识。流言往往都是不攻自破的，对待流言最好的方法就是保持沉默，不予理睬。

面对流言，相信它们不攻自破，我们就能采取一些应对措施来尽量减少流言对我们的影响。

首先，我们的心要放宽，对待这些不真实的言语，我们要大度心宽，要以冷静的心来对待。我们不能一听到和自己有关的流言就暴跳如雷，就和那些传播的人大吵大闹，这样的行为，不仅不能消除流言，反而还会更加有力地推动流言的传播，增加流言的杀伤力。当然，急着解释，也有可能让自己留下越描越黑的形象。我们要静下心来反思，流言有时候并非完全的空穴来风，要找到它的根源，然后想办法解决掉。我们越是内心平静，越是不把面前的流言当成一回事，那些传播者也就越觉得无趣，流言也就不攻自破了。对我们没有什么杀伤力的流言，也就没有什么危害可言了。

其次，要坚信流言是脆弱的，对自己要有信心。曾担任过德国市长的格里克，在1654年的时候，听到周围的人都在议论托里拆利的事。这些人都不相信托里拆利所说的大气压的存在，一直在嘲笑他的幼稚和愚蠢。但是，格里克虽在远离意大利的德国，还是坚信大气压的存在，想要替托里拆利摆脱这些流言。于是他决定要做一个实验，证明大气压是真实地存在的。但是周围的人在知道了他的决定之后，有很多人都劝他不要白费心机了，也有人预言实验会以失败告终，一时间，流言四起，一下子把格里克包围了起来，但他还是没有放弃，照样朝着自己心中的那条路去走，最后他成功地做了一次大型实验，人们也终于相信真的有大气压的存在了。所以，流言是脆弱的，在事实面前，总会不攻自破。

第三，我们可以找到身边的亲戚和朋友，帮助我们一起解决。因为在很多的情况下，我们自己去跟人一一地解释，往往说不清、道不明，即使说清楚了人家也未必会相信。但是，假如从别人的嘴里说出来，我们的朋友、同事、亲人来帮我们出面解释清楚，可能就会收到意想不到的结果。有证据、有辩解，要首先拿给那些跟我们关系好的人来看，讲给他们听，先争取他们的理解和支持，再通过他们把事实讲给别人。

我们要坚信，真的不会被人家几句话就说成了假的，假的也不会被别人的三言两语就说成了真的。流言再嚣张、再肆掠，也只是个纸老虎，经不起推敲。在聪明理智的人眼里，流言往往会幼稚得可笑，不攻自破。

❖心胸豁达，乐于释怀❖

我们要感谢那些让我们变得越来越坚强和无比豁达的流言，感谢那些在生活和事业上给了我们成长阻力的流言散布者们，是他们，让我们懂得了什么叫乐于释怀，让我们把自己的人生看得清清楚楚，让我们更能在风风雨雨面前一笑了之。苏轼有诗云："一蓑烟雨任平生。"讲的就是这份豁达和乐于释怀的精神品质，有了这种心胸，我们在面对流言的时候，也就多了一份超然和无畏。

流言止于智者，止于心胸豁达而又乐于释怀的超然心态。有一种人，即使听到了流言，他也不会回头去追究那些传播的人都是谁。因为他们知道，人生是如此的短暂和宝贵，有很多的事情等着自己去做、去处理，何必纠缠于这不真实的流言蜚语呢？何必为这种让人不愉快的事情浪费自己的精力和时间呢？

放眼中外，那些能够成就大事业的人物，都具有这一种优秀的品质，就是他们心胸豁达，能够容忍别人所不能容忍的事情，能够排除流言的干扰，把自己的全部精力都花在自己的理想之上。只有具有这种豁达的胸怀以及乐于释怀的大度，才能求同存异，才能团结大多数人，才能把目光放得长远，不被眼前的流言蜚语所羁绊。斤斤计较，纠缠于那些没有真实性可言的流言蜚语，是成就不了什么大事业的。

鲁迅先生的一生，是在同旧中国专制制度的抗争过程中，被各种流言蜚语缠绕迫害的一生。他曾经在《并非闲话(三)》说过这样的话："我的一生，给我造成最大伤害的并非书贾，并非兵匪，更不是那些旗帜鲜明的小人，乃是所谓的‘流言’。”我们如果仔细研究鲁迅先生的人生，会发现这短短的几十年里，不管是他的生活还是学术等各个方面，只要他参与的活动，几乎都充斥着流言。这些完全是凭空捏造的流言，成了别人横加在他头上的罪名，被那些恨他的以及无知的大众们肆意地传播，在整个的一生中都攻击着他，在一个时期，也曾经深深地伤害了鲁迅先生。但是，到后来，鲁迅先生用他那豁达的心胸包容了这些恶意的流言，对袭扰了他一生的流言听过之后也就释怀了。这些流言，并没有阻碍鲁迅先生前进的脚步，相反，在这些流言的包围下，鲁迅先生的那种豁达的胸怀，那种乐于释怀的心胸，让我们看到了他的伟大和坚韧。

调整好我们的心胸，只要我们的心乐观豁达、乐于释怀，那么这个世界上就没有什么所谓的流言可以把我们击垮。我们的光明磊落，使我们具有笑着面对流言的勇气，即使再可怕、再令人畏惧的流言蜚语，在我们豁达的心胸面前，也仅仅是一阵微不足道的风，只能让我们感到清爽，造不成哪怕一点点的伤害。那些造谣和传播流言的人，真的非常的可恶，令我们憎恨，但是细细地想起来，又觉得他们其实又很可怜。一个真正快乐幸福的人，他怎么会去四处地造谣中伤别人呢?真正快乐幸福的人，一定是一个善良的、懂得生活的人，是有一颗纯净感恩心灵的人，是会用心去感谢那些生活中点点滴滴的美丽，感谢人际交往中那些真情的人，这种人怎么会四处去造谣中伤别人呢?可见，传播流言的人原本就是可怜的、是不幸福的，我们身边那些喜欢说三道四的人，几乎都不曾真正拥有过幸福和快乐，也正因为这种人不懂得什么是真正的幸福和快乐，他们才会关注别人的生活，才会嫉妒别人的幸福，才会中伤别人，用别人的痛苦来慰藉他们的心。

所以，我们根本没有什么必要去和那些散布流言的人去对骂，如此，则正中了那些人的下怀。打个比方，假如身边的一条疯狗在我们不注意的时候，一下子咬了我们一下，难道我们要去追那条疯狗，也张嘴咬它一口?相信没有人这么做吧。我们不和疯狗一般见识，因为我们和狗不是同类，更何况是疯狗呢?所以，面对那些散布流言的人，面对流言的诽谤，我们一定要豁达，一定要乐于释怀，要保有一个纯净宽广的心灵。

我们要感谢那些让我们变得越来越坚强和无比豁达的流言，感谢那些在生活和事业上给了我们成长阻力的流言散布者们，是他们，让我们懂得了什么叫乐于释怀，让我们把自己的人生看得清清楚楚，让我们更能在风风雨雨面前一笑了之。苏轼有诗云："一蓑烟雨任平生。" 讲的就是这份豁达和乐于释怀的精神品质，有了这种心胸，我们在面对流言的时候，也就多了一份超然和无畏。

❖难得糊涂，宁静致远❖

难得糊涂是一种人生的哲学，宁静致远是人生的一种智慧，面对纷繁的社会，面对上级，面对流言，面对我们面前的一切艰难险阻，它们都有着莫大的价值。宁静是糊涂的内涵，糊涂是宁静的外延。两者相辅相成，可分但是不可离的。在现实社会中，喧嚣让宁静变成了一种记忆，这个社会上到处都充斥着浮躁的人心，所以难得糊涂，宁静致远，是一种很好的解决方式。

难得糊涂，宁静致远，这其实就是一种超然的心态，改变我们面前能改变的，接受那些我们不能改变的。在我们的生活中，应该学会在这个世界上的生存之道，但是这种聪明，不是那种"小聪明"，小聪明的人只能在人生的某个时间点上聪明一下，并不能聪明一生一世。我们都知道，大的智慧都隐藏于糊涂之中，都寄予宁静之下，表面上糊涂和不爱说话的人，虽然他们不在乎一时的得与失，不争一时的意气，但是却能一辈子聪明，能够在流言蜚语中明哲保身，在社会的竞争中立于不败之地。

大家都知道，清代的郑板桥在自己奋斗了一生之后，留下了“难得糊涂”的这一四字箴言，是他一生经历的总结。而诸葛亮在《诫子书》中写下了“非淡泊无以明志，非宁静无以致远”的真理，也是亘古不变的真理。这些都是古人留给我们的智慧结晶，适合于现在我们生活的方方面面。

糊涂和清醒，宁静和喧嚣是相对的。清醒意味着理智和聪明，人要在社会上行走，必须要保持足够的清醒才好，这样在面临决策的时候，才能更好地把握住方向，才能更好地实现自己的目标，才能找到自己的方向，从而实现自己的愿望。而喧嚣呢？它意味着热闹，意味着人际关系的和谐丰富，意味着朋友多路子广，只有适应了这种喧嚣和热闹，人才能抓住一些社会的潜规则，才能为自己更好地发展打通关节。那么，这样说来，糊涂和宁静就没有什么意义和作用了吗？不是的，在现实社会当中，它们是有着自己的意义和作用的，尽管很少，但也正因为这样，才显得弥足珍贵。

在社会竞争中，我们必须保持这足够的清醒和喧嚣，谁对我们好，谁和我们距离近，谁是我们的敌手，谁又刻意地冷漠我们，这些，我们应该心里面有数，这是生活的一个基本的方面，也是我们能够在这个世界上生存的一个很重要的条件。假如没有了这些，我们的生活将是一片空白，我们也就会浑浑噩噩，像一个没有头脑的苍蝇一样，四处撞墙了。

在面对流言，或者面对上级以及那些所谓的强者的时候，糊涂和宁静是比聪明和喧嚣要好的。历史上有很多的这种例子，比如说汉朝的萧何。当年和刘邦一起打天下的时候，除了萧何，刘邦手下还有很多的能才贤士，但是后来汉朝建立以后，那些人都被刘邦慢慢地冷落和杀害了，唯独这个萧何能够无灾无难地活到了老，为什么呢？在面对那些谋反的流言的时候，萧何是有一种别人所没有的糊涂和宁静的，他从来都是对流言持不关心的态度，不解释，也不抗争，对重大事件也是这种态度，这样，刘邦便觉得他很老实、没心机，也就放松了对他的疑心，萧何也保全了自己的一条命。

其实，宁静是糊涂的内涵，糊涂是宁静的外延。两者相辅相成，可分但是不可离的。在现实社会中，喧嚣让宁静变成了一种记忆，这个社会上到处都充斥着浮躁的人心，所以难得糊涂，宁静致远，是一种很好的解决方式。人只有在宁静中才能意识到自我，才能触摸到灵魂的深处，要是没有宁静，我们就很容易在这喧嚣的社会中迷失自己。而糊涂是宁静的外衣，在面对自己改变不了的事实的时候，是我们一种最好的自我防卫。宁静使我们时刻保持着远大的理想，在喧嚣的社会中不至于迷失自己的本性，而糊涂则给我们披上了一件低调的外衣，使我们远离了别人的嫉恨，远离了因为这种嫉恨而生成的流言蜚语的袭扰。

我们一直在追求着幸福和快乐，但是，我们中的很多人，其实并不知道幸福其实就是一种心灵的愉悦。我们的心灵愉悦，即使我们贫穷，我们也是幸福的。所以，幸福不是物质，不是金钱，只需要一颗宁静和糊涂的心，在喧嚣的时候提醒自己，在流言四起的时候淡化自己，这样，我们的心就始终是愉悦的、是幸福的。

梭罗毕业于哈佛大学，他不去经商从政，周围的人都说他是个糊涂蛋，名牌大学毕业，却畏缩在了瓦尔登湖，过着形同隐居的贫穷生活。他在湖畔搭起小木屋，开荒、种地、读书、写作。梭罗44年的生命，在别人的眼里，是糊涂的，不思进取，但是他坚持过着宁静简朴的生活，过着自己喜欢的生活。作家约翰也是过着在别人眼里离群索居的糊涂生活，他在接近北极的阿拉斯加州的冰天雪地里，一个人生活了20多年，靠着狩猎生活了下来。那是一种远离人群的宁静，也是一种清醒的糊涂，在这种宁静自然之中，他深深领悟了自己，领悟了世界。梭罗和约翰都活在自己该活的领域，都做着自己天性中该做的事，正如约翰《星·雪·火》中所写道："什么都不做，当个无名小卒，那会是一种好生活。像阳光下一块石头那样安静，伐木、劈柴、生火取暖，将雪和冰融化成水，这一切，生活的追求，事物的追求，都是无穷无尽的。"

难得糊涂是一种人生的哲学，宁静致远是人生的一种智慧，面对纷繁的社会，面对上级，面对流言，面对我们面前的一切艰难险阻，它们都有着莫大的价值。

第13辑

面对毁誉，

要有“宠辱不惊，闲看庭前花开花落”的坦然心态

人的生活和事业上，被人左誉右毁是避免不了的事情，须知，有人存在的地方就有议论，有议论就有毁誉。在我们短短几十年的人生当中，别人加之于我们身上的毁誉数不胜数，面对这些，我们要有“宠辱不惊，闲看庭前花开花落”的坦然心态，要知道，不遭人嫉妒的是庸才，我们之所以被人毁誉，那是因为我们身上有着超越别人的才华，有着他们不具有的优点。想通了这一点，毁誉也就动摇不了我们了，这个世界上所有的事情都是过眼云烟，别太当真了——别人捧你别当真，别人踩你也别当真！

坦然淡定，把毁誉当做一种前进的动力

在人生发展的路途上，毁誉就是验照自己的"魔镜"，如果没有毁誉，你又怎么会知道自身的优点与不足、坚持与改进的地方是什么呢？如果你对自己没有一个清晰正确的认识，你又何谈发展与成功呢？因而，面对毁誉，请淡定地对待；请将毁誉作为你前进的动力，而不要让其成为你前进的阻碍。

毁誉，即指他人的言论对自己的损毁与赞誉。简而言之，毁，即为他人、公众舆论对自己的批评、否定、诽谤、甚至污蔑；誉，即为他人、公众舆论对自己的表扬、肯定、赞赏。人生在世，在各种人生境遇中，你总不能脱离人群而生存、发展，因而你时时刻刻都无法避免他人对自己的认知与评价。在面对他人的言论时，赞誉之言总会让人感到愉悦和骄傲，损毁之言总会让人感到愤懑和不满，这是人之常情，因为人总是希望被他人接受和认可的。然而，对毁誉的认识，如果仅以这种"人之常情"的心态去看待、去应对，那么毁誉将成为你人生发展的一大障碍，因为你对毁誉的过分关注与在意会成为你内心的一个无形的负担，也会在你心中形成一种浮躁、虚荣、狭隘的性格倾向，这些无疑都是人生发展的最大忌讳。因而，我们说，在人生境遇中正确对待毁誉，才可使你的成功前进的路途畅通。

正确认识、对待毁誉，就是要求一个人能够以淡定之心接纳毁誉，并将毁誉之言行作为自己发展前进的动力。毁誉是什么？无非是他人看待你的言论及他人所对你

形成的认识与评价，这些认识与评价一些是真诚而中肯，一些是极具言论人主观色彩，并非完全客观的，甚至会有一些是妒忌者或敌对者无中生有的攻击性诽谤与捏造之言，面对这种种情况，你要能够区分对待，而后从中分析出对你有帮助的以及真实指出你的缺陷与不足的言论，从中来改进、完善自我。

面对毁誉，正确对待之，就是要求一个人能够练达淡定，以宠辱不惊的淡定之心去对待毁誉，不要过度因为毁誉而牵发悲喜，因为只有平衡、从容的心态才可以保持身心的协调以及客观思维的判断力。而身心协调与客观思维判断力是一个人发展人生、建树成功所必须具备的基本素质。

在唐朝，有一个颇为广泛流传的小故事，这个故事不仅是唐朝时期广泛传诵的佳话，直至今天，它仍被用做心态教育的最佳素材，这便是一位运送官粮的官员面对三次政绩评审修订而宠辱不惊的故事。

在唐朝，有一个叫做卢承庆的朝官，他是朝廷的考功员外郎，主要负责朝廷官吏的工作业绩考校评定工作。有一次，卢承庆为一个负责从运河运送粮食的官员打评语，他了解到这位官员在运送官粮时发生过一次事故，导致粮船沉没，造成了不小的损失，于是卢承庆就给这个运粮的官员政审成绩打了一个“中下”的评分。当卢承庆将写好的评分与评语拿给官员看时，发现这个官员表现得非常平静，一句质疑之词也没有，而且没有表现出任何怨恨的意思。卢承庆不禁觉得这个官员有点非同一般，于是他仔细研究思考了一下运粮官员发生事故的情况，之后他觉得这次事故是一种意外情况，是人力不能避免的，并不是这个运粮官员的错误造成的，不能将责任全部归咎于运粮官员。于是，他就给这位官员的评分改为“中中”。当卢承庆将该评分的事情告诉给官员后，他认为这位官员一定会非常高兴，因为政绩评分是要牵涉到日后的升迁、俸禄、仕途的大事。谁知，运粮官员仍旧非常平静，没有表现出任何喜悦。卢承庆见状，不禁对运粮官员心生敬意，觉得他是一个心胸博大、难得一见的人才。于是，卢承庆将运粮官员的评分改为“中上”。这个故事便是成语“宠辱不惊”的典故，是对淡定胸襟的最深刻的诠释。

后来，这位运粮官员得到了升迁，并且凭借其淡定、冷静、从容的行事作风为朝廷做了很多大事，帮助皇帝解决了很多难题。在一次聚会中，卢承庆向其问道："为何当日遭遇三改评分，竟能够仍然做到淡定自若、心如止水的呢？"这位运粮官员回答说："毁誉，常理之情也，应细思之；誉则勉之，过则改之，何以悲喜惊之？"

可见，"毁誉从来不可听，是非终久自分明"，受到崇信或侮辱都不感到惊异，不因此而过喜、因此而过悲，将荣辱置之度外，才是真正的淡定，才是身心之和谐；从是非对错中，正确分析毁誉才是维持正确判断的客观思维。

面对毁誉，正确对待之，就是要求一个人能够在淡定对待毁誉的同时，将毁誉视为自己前进的动力。誉，则是嘉勉之词，这无疑是促进一个人奋发图强的推动力，这是无须多言的，但需要提醒的是，当你面对他人的嘉勉之时，且不可因赞誉而骄傲自满、停止前进；毁，则是诋毁之词，能够以"毁"为自己个人发展的前进动力，才是人生的一种"大艺术"，并且诋毁之词往往比赞誉之词更具价值，因为它所指出的是你所存在的缺点与需要改进的短处，是反方向的对你警醒之言、监督之力。如果你能够以平和的心态去看待他人的"毁"，以冷静客观的思维去分析他人的"毁"，那么你一定会获得比赞誉之词所带给你的东西更具价值的事物，"毁"将成为你人生发展中自我障碍的最佳突破点。因而，一个具备成功潜质的人，最懂得善意运用"毁誉"去鞭策自己，督促自己阔步前进。

某著名导演面对公众的毁誉，曾这样说："其实，任何人都没有必要为我所遭遇的毁誉而感到不平，更无须对此为我据理力争。誉是我的最宝贵财富，因为毁誉是督促我建树成功的最大动力。为什么这样说呢？简单地举一个例子，当我拍摄完一部电影，如果没有人'誉'，我怎么会知道这部电影的优点与进步在哪儿？如果没有人'毁'，我怎么知道这部电影的缺点与需要改进的地方在哪儿？如果我都无法知道我的作品的优点与缺点，我的艺术创作需要坚持发扬的东西是什么、需要全新改进的东西是什么，那么我又如何取得进步、拍出更好的作品、创作更优质的艺术呢？"

这位著名导演的话充分讲明了一个道理：在人生发展的路途上，毁誉就是自己的一面"魔镜"，如果没有毁誉，你又怎么会知道自身的优点与不足、坚持与改进的地方是什么呢？如果你对自己没有一个清晰正确的认识，你又何谈发展与成功呢？

因而，面对毁誉，请淡定对待之；请将毁誉作为你前进的动力，而不要让其成为你前进的障碍。

自得其乐，学会受人敌视还能享受生活

正确对待他人的敌视，你就要采用一种方式，让自己摆脱、消除敌视所产生的不良效应，让自己依然精彩地生活、意气风发地奋进、充分享受生活的美好与乐趣。那么这样一种对待敌视的方式又是什么呢？这一绝密便是“自得其乐”，即自己调节自我，自己寻找、创造生活的乐趣，在调节与寻找、创造中，将他人的敌视变为自己享受生活的趣味。

被人敌视，也许可以说是人生中的一件最为痛苦的事情，任何人都希望能够与他人和谐相处，任何人都希望自己能够得到他人的支持、获得他人的帮助，在这个世界上不会有人喜欢被人攻击，与人敌对，更不会有人愿意敌对之人成为自己人生发展的一大阻碍。然而，被人敌视，仍旧是无法避免的，人与人之间总是存在着相异之处，思想认知不同、理想追求不同，因而人与人之间很容易产生“差别意识”，这些“差别意识”很容易造成“敌视”的产生，这是由于不同人群之间的“异化思想”而导致的敌视。另一方面，在人类社会中谋求生存与发展，人与人之间不可避免地存在着各种竞争，尤其是当你与他人对于同一领域的成功进行角逐时，或者你的成就“威胁”到他人的发展时、遭遇他人妒忌时，社会上客观存在的竞争与人内心所存在的妒忌、猜

疑、自利等心态，更容易引发“敌视”，这是不同人群之间的“异化思想”所导致的敌视。从敌视的成因角度去思考，我们可以明确认识到被人敌视是你无法规避和左右的，因为它是社会客观本性与人类主观本能相结合而生的。

我们说在人生境遇中，你无法规避敌视的发生，更无法逃避敌视的存在，那么如何正确对待他人的敌视，则成为人生中的一个重要的思考话题。当遭遇他人敌视时，你或许会愤懑、或许会无奈、或许会心生报复、或许会选择逃避，然而这种种心态与应对的效果和结果如何呢?要知道，愤懑，是“用别人的错误而惩罚自己”的一种愚蠢行为，愤懑情绪增加的无疑是一种自我折磨；无奈，是“因别人的自我膨胀而削弱自我”的可笑行为，无奈兴许催生的无疑是一种消极心态；报复，是“以仇恨培育仇恨、以痛苦培育痛苦”的愚昧行为，报复方式引发的无疑是加倍地敌视与痛苦；逃避，是“以自己的退缩为敌视者的前进让路”的无知行为，逃避方式导致的无疑是自我人生发展的停滞。可见，这种种错误的对待敌视的方式，只会徒增自己发展、前进之路的阻碍，徒增自身的烦恼与痛苦。尤为重要的是，你的这些表现也许会正中敌视者的下怀，要知道敌视者内心的最大愿望就是使你失去生活的快乐与精彩，使你的人生发展障碍重重、停滞不前。

由此可见，正确对待他人的敌视，你就要采用一种方式，让自己摆脱、消除敌视所产生的不良效应，让自己依然精彩地生活、意气风发地奋进、充分享受生活的美好与乐趣。那么这样一种对待敌视的方式又是什么呢?这一绝密便是“自得其乐”，即自己调节自我，自己寻找、创造生活的乐趣，在调节与寻找、创造中，将他人的敌视变为自己享受生活的趣味。

被人敌视，自得其乐地享受生活，就要允许敌视的存在，并欣然接纳敌视的存在。

《圣经》中记载着这样一个小故事：有一天，弥兰王向那先比丘问道：“你们这些出家人总是说人间平等、爱我们的仇敌，欣然接受‘被敌视’，这太不合乎情理了，这样的论调什么人才能够做到呢?”那先比丘听后，很平静地对弥兰王说：“我的大王，那么我先问你一个问题，如果你的手上长了一个烂疮，每天流脓、流血，还散发臭味，你会怎样处理呢?你会把你的这只手砍断吗?"弥兰王听后,不假思索地回答说:"那怎么可能呢?不管这个烂疮能不能医好,我都还要生活啊,怎么会因为它而砍断一只手呢?"那先比丘听后笑着说:"是啊,你不会将手砍断,反而会精心地为它清洗、敷药,因为它是你的手,与烂疮无关,无论怎样你都要你的手得到最好的待遇。那么我的王,他人的敌视就如同你手上的烂疮啊,而你的心境和你的生活就如同这只手,无论他人的敌视如何令你厌恶、令你痛苦,他人都与你的生活无关啊,你要做的是想尽办法令你的生活更精彩、更好地享受你的生活的乐趣,不是吗?"弥兰王听后,恍然大悟,从此再也不为他人的敌视而愁苦、烦忧了。

这个故事告诉我们:无论你被什么人敌视,受到多大的敌视,你都不能因为这一块生活的"烂疮"而放弃生活、享受生活的情趣,你要学会以宽容、平衡的心态去允许这一块"烂疮"的存在。

我们都知道,在这个世界上,很多人都敌视柬普赛女人,因为她们是一个没有国家土地的流浪民族的女人部落,她们能歌善舞,却被生活所迫才以卖淫为生。某杂志曾经讲述过一个柬普赛女人的故事,这个女人因为生活所迫在一家酒吧做歌女,虽然她只卖艺不卖身,但她的歌舞技艺非同寻常,因而很快就成为这个酒吧的顶红人物,并且一段时间内她的名字成为整个城市的男人所追捧的"尤物"。这个女人因而成为整个城市的女人的敌视对象,并且成为整个酒吧的女郎们所一心"除之而后快"的敌视目标。诽谤、攻击以及各种难以入耳的流言蜚语,成为这个女人每天所必须面对、必须忍受的家常便饭。大家都以为,早晚有一天这个女人会支撑不住,可是让所有人都意想不到的是,这个看似柔弱的柬普赛女人依旧平静如初,甚至更加光芒四射了。她每天精心地打扮自己,用心地研究新的歌舞,还经常饶有情致地在业余时间去逛街、旅游、享受生活,对随处可见的敌视目光视而不见。面对记者采访时,这个柬普赛女人说:"他人敌视我,正是因为我的才能与本事比他人都技高一筹,因而那些唾沫、污蔑、攻击对于我来说是对我的另一种方式的肯定与嘉奖,我是为了更好地生活才来做歌女的,我又怎么会为了这些无聊的言行而影响自己的生活,放弃自己对精彩人生的追求与享受呢?与其如此,我还不如将这些敌视者的诽谤攻击作为我自

己精彩生活的见证，这样至少我可以保持自己内心的平静与快乐。”

被人敌视，难免会遭遇他人的伤害、诽谤、攻击、侮辱、诬陷、驱逐、折磨，对于这些，若是真的做到“欣然接受”的确不易，但关键在于你要以什么样的态度去对待这些“被敌视”，哲人说：“感激伤害你的人，因为他化解了你的苦毒；感激诽谤你的人，因为诽谤你的人成就了你的忍辱；感激攻击你的人，因为他洗刷了你的罪迹；感激侮辱你的人，因为他填平了你的地域；感激诬陷你的人，因为他巩固了你的戒律；感激驱逐你的人，因为他成全了你的出离；感激折磨你的人，因为他拓宽了你的净土。”即便你无法做到对“被敌视”心怀感激，但你一定不能让他人的敌视成为掠夺你生活精彩与快乐的心理阴影。

正确地看待他人的敌视，在“被敌视”中自得其乐，享受自我人生的精彩，才是生活的真谛所在。

❖没有什么比受他人诋毁而去抱怨更糟糕❖

抱怨，对于任何情况都不会起到解决问题、化解矛盾的作用，反而会产生多方面的消极作用，无论是对自身心智的影响，还是对客观事态的发展，它都起到一种致命的阻碍作用。如果说他人的诋毁是在给你的人生发展埋入炸雷与导火索，那么，你自身因此而形成的抱怨就等于点燃了导火索，从而引发炸雷爆炸。

受人诋毁，这无疑是一件对自己的忍耐力极具挑战性的痛苦的事情，一个人，当他人诋毁自己的声望、名誉之时，内心的愤怒、委屈、申辩无言的矛盾与纠结，会对自我内心形成一种强大的冲击。并且，正所谓“众口铄金”，他人诋毁之言行，这股冲击力不仅会严重冲击自己内心的心态和谐，更会冲击到自我人生发展。然而，当一个人被他人诋毁时，是否能够抵挡住诋毁所引发的人生风暴，使自己的人生发展仍旧在原有的轨道上顺利前行，关键就在于你是否能够承受住这股巨大的“冲击力”，并能够以不变应万变的心态与智慧规避、化解这意图损毁你人生发展之路的“冲击力”。禅书中记载过这样一个故事：

在古代的一个王国里，有一位非常有声望的侯爵，他为人正直且颇具才干，因而在当时深受国王信赖，经常对他委以重任。久而久之，国王与这位侯爵之间即为君臣，亦为朋友，经常向其倾诉自己治理国家的烦忧与苦恼，每一次侯爵都能给予抚慰和开解，并能够给国王指出种种应付之道。时间一久，侯爵与国王之间的亲密关系便遭人妒忌了，一些人对侯爵的发展、成就以及他与国王之间的情意产生了很强烈的妒火，一些人因为侯爵向国王揭发了他们的丑事与私心，便对侯爵怀恨在心，于是这些妒忌和怀恨侯爵的人便经常以污蔑、中伤的方式诋毁侯爵。侯爵本是一个性情刚直的人，怎么忍受得了这些人无中生有的诽谤之言呢？于是心里极为愤懑、苦恼，每天都因为这些诋毁之言行，被抱怨之心纠缠。

终于有一天，他忍耐不住了，和诋毁自己的几个主要人物大吵了一架，而且表现出了极为激烈的愤怒。结果他因一时的不能容忍而暴发的怨恨与愤怒，正中这些诋毁人的下怀，他们借机向国王“进言”说：“国王陛下，您一直都不相信我们所说的话，今天您都亲眼看到了吧，侯爵他一直都是这样依仗您的宠信有恃无恐、耀武扬威，他对您表现出毕恭毕敬只是为了博取您的信任而已，他在您背后的所作所为简直不知用什么样的言词去形容啊！现在连城里的老百姓都在传言侯爵的淫威之害呀！”国王原本就对大家的言论心生怀疑，但仍旧保持着自己对侯爵的信任，可是当他看到侯爵在自己面前如此地抱怨他人、不能容忍他人，不禁非常失望，于是将侯爵驱逐出了宫廷。

侯爵在离开宫廷后非常抑郁，他不明白自己究竟错在哪里，后来他在一家寺院里定居，并向住持大师倾诉了自己的苦恼，住持听后说：“侯爵大人，您知道这座高山之上的佛祖雕像为什么是用花岗岩雕塑的，而不是用泥灰岩雕塑的吗？这原因不是因为这两种石料哪一种更好看，因为它们雕塑出来的效果是不相上下的，也就是说这两种材质的雕塑表象是基本相同的。但是，这高山崖顶之上，常年狂风不断，雕像经年都要经受飞沙走石的击打、损毁。在飞沙走石的击打损毁中，花岗岩可以坚毅不动地承受住任何磕打、冲击，它能在狂风大作时依然坚韧，在风暴平息后如初，我们所看到的只是它身躯上多了一些刻痕而已；而泥灰岩则不同，它用不了两年光景，便会全身风化，面目全非。侯爵，您知道为什么这表象相似的两种材质，其内在承受力会如此不同吗？”侯爵百思不得其解地摇摇了头。

住持法师接着说：“因为花岗岩对于狂风的风波具有较好的吸纳和释放素质，因而能够对风暴所产生的冲击形成平衡作用，并能够以坚韧的外表抵制沙石的磨打；而泥灰岩则不具有这种吸纳和释放的风波的素质，当风暴来临时，它不能平衡风暴的冲击力，使得这股冲击力在它体内紊乱、撕裂，它自然会迅速损毁。”说到此，住持大师停顿说：“侯爵，人生境遇中的诋毁，就如同这山顶之上的风暴与飞沙走石，那么您是愿意做花岗岩，还是愿意做泥灰岩呢？人生多是非，见怪不怪，不攻自破罢了。”侯爵听后，顿时如醍醐灌顶般顿悟：从容冷静地接纳诋毁、理智客观地看待诋毁，就是对诋毁之力的平衡；而以抱怨和反击去抗衡诋毁，就是在使自己更为剧烈地卷入这场风暴的漩涡，从而导致一发不可收拾的恶性结果啊！如果自己当初能够平静地对待诋毁，令诋毁之言行不攻自破，自己怎么能够失去国王的宠信呢？

读完这个故事，反思人生与生活，难道不是如此吗？举一个简单的例子，当你听到他人以莫须有之由大骂你一句的时候，你为了一发心头之怨气而上前去与之大打一架，结果是什么呢？或者是他受伤或毙命，你被警察带走；或者是你受伤或毙命，真是得不偿失。然而，如果你对这一句毫无缘由的大骂“见怪不怪”，那么他便再无兴致与你较劲了，一场风波自然“不攻自破”。当你被人诋毁之时，你的处境完全与此类似，将两种结果对比，因而我们说：没有什么比受他人损毁而去抱怨更糟糕。

抱怨，对于任何情况都不会起到解决问题、化解矛盾的作用，反而会产生多方面的消极作用，无论是对自身心智的影响，还是对客观事态的发展，它都起到一种致命的阻碍作用。如果说他人的诋毁是在给你的人生发展埋入炸雷与导火索，那么，你自身因此而形成的抱怨就等于点燃了导火索，从而引发炸雷爆炸。

❖忍小辱，才能成大事❖

忍辱负重，自古以来便是中华民族的一种传统美德，更是人生存发展的必需。在大屈小辱面前，能够懂得“大忍”之道者，才可建树非凡伟业，或者赢得自我人生发展的成功。

俗话说：“小不忍，则乱大谋。”自古以来，忍辱负重，早已成为人在社会中谋求生存发展、成就大事的必备心理素质，面对他人所对自己的屈辱不能容忍，必难成大业。要知道，所谓忍辱负重，并非苟且偷生，而是指一个人应该为了承担更大的重任、实现更大的目标忍受暂时的屈辱。在毁誉面前，面对他人的误解、侮辱乃至诋毁、诽谤，人要懂得以忍求进，因为唯有忍耐一时的怨气与委屈，才能为以后的发展拓展疆土。正所谓“忍小辱，成大事”，毁誉当前，你能够容忍“他人之辱”的气度有多大，你的人生发展空间就有多大。

有人说：“如果你不想趴下，就必须站着，即便屈辱，也要屈辱地站着。”这句话告诉我们：无论有多么艰难困苦，有多么怨愤屈辱，都要练达，都要从容淡定，以“忍辱负重”作为人生发展的一个座右铭。我们都知道韩信容忍胯下之辱的故事，试想当初韩信若不能容忍胯下之辱，那么，今天的历史上还会留有名垂千古的韩信这一英雄之名吗?可想而知，韩信当时如果不能忍受此辱，他不从屠夫胯下钻过，那么他被屠夫杀死，历史再无韩信；如果他当时杀掉了屠夫，那么他一定会被官府问罪、处死，历史也再无韩信。古代哲人说："人，欲成大器，必要有忍之气度，要能忍杀父之仇、夺妻之恨、胯下之辱、占攻之欺、争锋之伤……"思古人之言，那么，你今天所承受的毁誉之荣辱较之胯下之辱等诸多奇耻大辱，又算得了什么呢？再者说，如果你连这比胯下之辱微之甚微的诋毁之辱都不能容忍，那么你的气度，又能成就多大的人生成功呢？

一位颇有声望的公司部门经理李岩，在给员工们讲解职场生涯发展方略时，讲述了这样一个关于自己事业发展的小故事，这个故事发生在他刚刚进入这家公司担任经理文秘的时候。事情是这样的，有一天，李岩接到了一位商业客户的生意电报，当他接到这份电报的时候，立即向经理作了汇报。但是不巧的是，在李岩对经理汇报关于生意电报这一事情的时候，经理正与另外一位客户谈话，他在听了李岩的汇报之后，只是点了点头，简单地回复说："哦，我知道了。"而后便继续和客户洽谈其他事情了。

两天以后，经理却把李岩叫到了办公室，怒气冲冲地对李岩说："你为什么不把那家客户发来的生意电报告诉我，导致公司耽误了一大笔交易！你这个秘书是怎么做的，你懂得工作要尽职尽责的道理吗？"李岩当时听后感到莫名其妙，当时已经有很多员工围在一边观看了，而且一些人在窃窃私语，尤其是那些一直对李岩存有敌对之心的人更是表现出幸灾乐祸的嘲讽之意。李岩感到特别的委屈，当时就想和经理辩白几句，讲清楚自己已经将电报的事汇报给他了，是他自己当时因为心不在焉而遗忘了。可是就在李岩想要开口辩白的时候，站在一边的办公室主任却一直对李岩使眼色，暗示他千万要忍耐，不要与经理争辩。就这样，李岩忍气吞声地站在一边，任凭经理将一腔怒火发泄完毕。在经理发完火之后，办公室主任叫走了李岩，李岩非常纳闷地问主任，为什么当时不让自己辩解。这时办公室主任说："小李啊，你还年轻，不一定懂得这忍让的道理。但你当时若不能容忍经理的冤枉和旁观者的嘲笑，你就犯了大错了。其实你心里清楚，经理是自己忘掉了你汇报给他的事，这一点他自己也是非常明白的。但是，他是公司经理，因为自己的遗忘而导致了公司的损失，这是非常没面子的事情，因此他故意对你发怒、在众人面前给你难堪，就是想要找一个替罪羊，这种情况下，你怎么可以在众人面前去和经理澄清事实呢？"

李岩听后恍然大悟，在当时的情况下，自己若坚持与经理据理力争，不但不会使经理承认事实，反而会使自己因此而被解雇啊！想到此，李岩连忙向办公室主任道谢。经过这件事之后，李岩非常深刻地懂得了“小辱必容之”的道理，在职业生涯中处处都表现得宽容大度、从容不迫。并且在经历这件“替罪羊”事情之后，经理发现了李岩的“大器”风范，基于对李岩能力的认可，也因为李岩为自己“替罪”的愧疚，在一次公司员工提拔的机会中，经理向公司董事长推荐了李岩，提拔李岩做了部门经理。

李岩在讲述完这个故事之后，对员工们说：“我给大家讲起自己初涉职场的这件事，就是希望大家能够认识到‘小不忍，则乱大谋’的深刻道理，如果当初没有办公室主任在一旁暗示我，我一定因为不能忍一时之辱而使自己被公司解雇。作为心怀大志的年轻人，你想要实现自己的理想与壮志，就必须懂得一个道理：能忍小辱，才能成大事。”

李岩的这番话不仅是在讲述给他的员工，更是在讲述给我们所有心怀理想的人，他的故事和他的话充分向我们大家表明：只有忍，才能在他人跃跃欲试的“宣战”中避免争端；只有忍，才能在强烈的愤怒冲击下避免卷入是非的“漩涡”。要知道，只有忍，才能在别人为你铺设的路障面前从容不迫地跨越或绕过路障，而不是因为失去自我平衡在路障面前跌倒。你要清楚，因自己的一时不能忍而导致内心平衡的失控，你在人生路障面前所跌倒的这一跤，很有可能会使你摔得粉身碎骨。

忍辱负重，自古以来便是中华民族的一种传统美德，更是人生存发展的必需。在大屈小辱面前，能够懂得“大忍”之道者，才可建树非凡伟业，或者赢得自我人生发展的成功。

丢下包袱，心灵才会轻松

丢下包袱，心灵才会轻松；心灵轻松，才能够更好地享受生活，才能够更好地发展人生。希望你能够记住一位泰国企业家所总结的这段话，以没有负重的心灵去轻松生活，开创自己的精彩人生，千万不要让毁誉成为你心灵的负重。

心灵的包袱，即为心灵的负累，它在人们的生活境遇中形成，包括了很多影响人们生活与人生发展的东西，对于我们在此所讲述的毁誉，无疑是形成心灵包袱的首要构成因素。包袱，之所以成为人的负累，无外乎是里面包裹了太多被人所看重的东西和不舍丢弃的东西，当这些东西超过一个人的心灵承受能力或超过一个人客观生存环境的容纳能力之后，它便会成为阻碍人的自身发展的一大障碍。当一个人过分地看重毁誉、荣辱，毁誉就会成为一个人内心沉重的心灵包袱，严重损害人的身心平衡，并且会成为一个人向着目标发展前进的重大阻碍。因而我们说，在毁誉面前，要学会看淡毁誉，丢掉心灵的包袱，这样才可以获得心灵的轻松，才可以容纳更多思想与事物，才有助于一个人的人生发展。

在《启迪》中曾经讲述过这样一个哲理故事：有一个人经常被毁誉所困，他担心荣誉的失去，害怕别人的诋毁，忧虑旁人对自己的评价。因而，这个人每日都心神不宁，担心这一天会不会有人在背后议论自己什么，会不会有人给自己正在发展、进行的重大事情暗地里使绊子；每做一件事、每作一个决定，他都会忧虑别人会怎样评价自己，是赞许还是否定？自己因此会一举成名还是会名誉扫地？就这样，他什么事也做不成，一心想得到别人的认可与赞誉，却因一事无成而一直没有人来认可他；一心害怕被他人否定和议论，却因反而招致很多人在议论他的缩手缩脚。

久而久之，他内心越来越压抑，这种忧虑与无为的恶性循环使他的心几乎透不过气来，怎么也想不明白自己的问题到底出在了哪里。于是，这个人便来到了远处一座深山的寺庙里，想要找正在这座寺庙里暂住修行的南隐禅师帮助自己排解一下内心的苦闷与压抑。当他见到南隐大师说明来意后，大师非常热情，并且亲自为他沏茶、斟茶。这个人不住地向禅师诉说自己的境况，却发现禅师一直在若无其事地向杯子里面倒茶水，而且一只杯子已经倒满了，禅师却视而不见地继续向里面倒水。这个人忙说："禅师，杯子已经满了，您不要再继续倒了啊！"禅师闻此，方停下来说："是啊，茶杯已经满了，无论我怎样向里面注入新水，它也无法接纳了啊。你的心灵不就如此吗？你的心里面装满了自己的患得患失，又怎样去容纳其他的东西呢？你不将心里塞得满满的毁誉包袱丢掉，又如何轻装上阵，去接纳崭新的思想与认知，去开拓你的人生呢？施主，解你困惑之症结，灵丹不在我处，而在你心呐！如果你能丢弃你心灵的负重，即便听我讲上3天3夜的禅经，也于事无补。"这个人听后，顿悟。

在此之后，这个人尝试着抛开对毁誉的注视，渐渐将目光看向前方，做事开始以自己的想法与想要达到的目标为主。渐渐地，他不再为毁誉所困，彻底丢掉了负累心灵的这一打包袱，顿感心灵获得了前所未有的轻松，并且因为他能够以轻松的心态对待生活、以无附加的思想执著于追求，最终成就了自己的事业，赢得了成功的人生。

在这个故事中，这个被毁誉所困、心生负累的人，其丢掉心灵包袱之前，一颗心就如同一个实心儿的秤砣一样，这样的心灵是不具有活力的，只有沉重，无任何轻松而言。一个人怀着这样一颗沉重的心前行，又怎能走得轻松、走得潇洒、走得长远呢？

泰戈尔曾经说："当我们自己的心灵里面包袱太多时，要丢掉它们；面对我们得不到的东西，也必须丢掉它们，而不是继续让它们影响我们的生活。"现代哲人说："不要让心灵负载太多，它会老化你的心灵，侵蚀你的美丽。抬头，向前看，任风吹落你的帽子，记住：不要弯腰去拾，有可能它并不属于你，更有可能好的在后面——你的人生之路上。因而，你不要为吹伤你的风而负重，更不要为因此而丢失的帽子而痛心。”

有一位知名的泰国企业者，在他还没有开创自己的企业之前，在一家非常著名的大公司做部门经理，因为自己的才能遭人妒忌，敌视他的人联合起来诋毁他，在一次事件中借机污蔑他，使得他失去了董事会的信任，被公司开除。当时，这位企业者的心情低落到了极点，因为他人的诋毁在一些相关公司中都产生了影响，这严重影响了他日后的工作应聘。但是他很快就意识到：“自己再怎么样不能放下之前意气风发的经理人生涯的风光与骄傲，也回不到从前了；自己再怎么放不下对这一群小人的怨恨与愤懑，也不能够再扭转局势了；自己再怎么放不下这一次突变所带来的打击，也无法改变已经发生的事实了。而这些放不下无异于是在自己折磨自己，与其使自己身心痛苦，不如彻底放下这些，以轻松的心境去创建自己以后的人生。”想到这些，他重新振作了起来，找回了从前的快乐与斗志。因为他的妻子是做三明治的能手，他便让妻子每天在家里做三明治，自己每天到大街上去叫卖。凭借自己多年的销售经验和妻子出众的手艺，他的生意越做越好、越做越大。几年后，他创建了自己的企业，八年后，他被泰国《民族报》评选为“泰国十大杰出企业家”。

回首自己曾经的那一段经历，这位泰国企业家说：“人生荣辱成败皆为寻常，一个人是为了追求更好的生活而在意这些的，如果这些反而成为生活的负重、心灵的负累，那么又何苦再去在意它们呢？继续纠结下去，使心灵痛苦、生活苦闷，又怎样去发展自我与人生呢？在任何境遇之中，唯有能够放下这些不该继续背负的心灵负责的人，才能够救赎心灵与自我。”

可见，丢下包袱，心灵才会轻松；心灵轻松，才能够更好地享受生活，才能够更好地发展人生。希望你能够记住这位泰国企业家所总结的这段话，以没有负重的心灵去轻松生活，开创自己的精彩人生，千万不要让毁誉成为你心灵的负重。

第14辑

面对诱惑，

要有“只留清气满乾坤”的自律心态

人生时时都面临着诸多诱惑，权重的地位是诱惑，利多的职业是诱惑，光环般的荣誉是诱惑，欢畅的娱乐是诱惑，甚至漂亮的时装、可口的美味佳肴都是诱惑……面对这些诱惑，我们该何去何从？面对诱惑，洁身自好，抱着“只留清气满乾坤”的自律心态，耐得住寂寞，抵得住诱惑，这才是正确的选择。

❖不盲从，提高控制力❖

对那些控制力不强的人来说，抵制诱惑的能力是可以慢慢提升的。一个人在面对诱惑的时候，作出了错误的决定，往往是因为缺少别人监督的结果，这个时候，人的内心往往存在一种侥幸的心理，这是人之本能。要提升我们面对诱惑的控制力，战胜本我，只借助于我们的理智。但是当我们自己做不到的时候，我们也可以借助周围人的力量，让周围的人来监督我们、提醒我们。

我们是不是都有过这样的经历，虽然我们知道一件事情不能做，但是心里却有一种抗拒不了的力量在驱使着我们去做，我们真的去做了。比如当我们知道自己的作业还没做完，不应该打开电脑玩游戏，但是内心中的那种力量还是支撑着我们玩了；当我们的看到美丽的衣服，尽管家里的衣橱里面已经有了好几件，但是我们还是禁不住那种渴望，在内心中那种力量的驱使下，买了。这种力量，即是我们常常说的诱惑吧！

要想做到不盲从，我们必须充分地认识不良诱惑的危害性。

第一，不良诱惑不仅仅伤害我们的身体，而且还毒害我们的心灵。据某报刊几年前报道，天津市塘沽区新城镇 14 岁的少年二东突然精神失常，经母亲查证原来是色情声讯台设下的温柔陷阱使他无力自拔，并一个月欠下了 3709 元电话费。少年不知道，那个听上去声音轻柔甜美的话务小姐，竟比母亲还大 12 岁！最终二东不但彻底辍学了，还患上了反应性精神病。他不停地磨一把水果刀，晚上还要把刀放在枕头下面，而饭吃得越来越少。妈妈悲痛欲绝，几次想抱着儿子跳进海河。

第二，不良诱惑能够让一个原本优秀的人变得懒散、退步，甚至自甘堕落，屏蔽人对理想的追求。前不久，上海大学劝退了 81 名学习成绩不好、在几个学期内没有修完规定学分的大学生。据介绍，导致这 81 名大学生被集体劝退的主要原因之一，是绝大部分学生沉迷于网络游戏而不能自拔。

第三，不良诱惑能够让人铤而走险，走上犯罪的道路，从而危害到他人的安全和社会稳定。某网站曾经报道过这么一条新闻：因为急需用钱买电脑，2004 年 3 月初，王明、刘兰、李小军预谋在青岛市抢劫车辆。9 日下午 4 时许，王明、刘兰、李小军纠合另一被告人吕君携带手铐等作案工具，由王明驾驶桑塔纳轿车进入青岛市，伺机作案。10 日，4 人驾车在青岛市沿海一带寻找抢劫目标。当晚 10 时许，4 人在青岛东海路附近发现被害人王华独自驾驶白色宝马轿车，沿东海路自西向东行驶，遂驾车尾随。王明故意驾车撞击宝马车尾部，当王华下车查看时，王明、刘兰、李小军则采取恐吓、手铐铐手等暴力手段，强行将王华挟持至宝马车内，抢劫价值人民币 50 余万元的宝马车一辆以及价值人民币 1600 余元的三星手机一部。后王明驾驶抢劫的宝马车与刘兰、李小军挟持綦逃离青岛市。11 日凌晨，王明、刘兰、李小军将綦挟持至栖霞市王明叔叔闲置的房屋内藏匿。但因唯恐罪行败露，13 日晚 10 时许，3 人采取手铐铐手、电话线勒颈、用棉被蒙头等暴力手段，将王华残忍杀害，后抛尸于招远市一废弃矿井内。后经法医鉴定：被害人王华系生前颈部被钝性外力作用致机械性窒息死亡。2004 年 8 月 5 日，四罪犯在招远市玲珑镇被公安机关抓获。

面对无处不在的诱惑，我们应该作出什么样的反应呢?我们是任由诱惑带着走，还是用我们的理智战胜面前的诱惑呢?现实当中，有很多人都抵挡不住诱惑，任性而为，想到了什么就做什么，怎么舒服就怎么做，从来不去考虑其他的因素。其实，真正能够抵制住诱惑的人，将来一定能够有大的作为的，因为这种人不盲从，有控制力，他们不会因为外在的环境和诱惑而受到影响，不被自己一时的冲动而左右，对身边的每一件事情一定都会经过深思熟虑，这样，被一些不良诱惑引诱的机会就少了，成功的机会当然就大了。

面对诱惑，我们要有控制力，不要盲从。现在的世界当中，充满了形形色色的诱惑，假如我们抵挡不住身边一个又一个的诱惑，没有良好的控制力，那么，我们就会成为诱惑面前的奴隶，被诱惑所俘虏。如果我们能在一个又一个的诱惑面前提升我们的控制力，抗拒那些不良的诱惑，保持原本的真实的自我，那么我们就能做好自己面前的事情，成就一个辉煌的事业。写成了《红楼梦》的曹雪芹，曾经童年和青年时过着衣食无忧的生活，但是到了后来，家庭突遭厄运，发生了巨大的变化，一家人连一顿饱饭都吃不上了。原本，遭遇了巨大变故的曹雪芹，应该去找一找他祖父在官场上的关系，去当个小官还是没有问题的；或者发奋读书，去参加科举，凭他的才能，完全是有希望东山再起的。但是，曹雪芹没有这么做，他抵制住了当官的诱惑，埋头于自己的文学梦想，经历很多的艰难之后，终于写出了历史上最有名的一部小说《红楼梦》。相反，如果没有足够的控制力，禁受不住诱惑的考验，那么就难以保持住原本的自我，更别说做好自己的工作了。我们都知道英国的牛顿是个伟大的科学家，发现了万有引力定律，但就是这么一个伟大的科学家，在晚年的时候，没有抵制住神学的诱惑，放弃了自己的科学信仰，白白浪费了十几年的生命。

对那些控制力不强的人来说，抵制诱惑的能力是可以慢慢提升的。一个人在面对诱惑的时候，作出了错误的决定，往往是因为缺少别人监督的结果，这个时候，人的内心往往存在这一种侥幸的心理，这是人之本能。要提升我们面对诱惑的控制力，战胜本我，只借助于我们的理智。但是当我们自己做不到的时候，我们也可以借助周围人的力量，让周围的人来监督我们、提醒我们。

❖慎交友，提高判断力❖

在我们的生活当中，不良的引诱无处不在，而所谓的朋友则是引诱我们的最重要的一环。一个益友，可以让我们进步，可以用他们正直的品行与德行来帮助我们有所提升；损友，则无疑将会潜移默化地侵蚀着我们善良或者原本美好的天性，引诱我们一点点误入歧途！

伟人告诉我们，朋友要交，但是要做到心中有数。对我们来说，这个所谓的“数”，就是我们要对自己将要交往的朋友有个判断力，谁是真正帮助自己往好的方面发展的朋友，谁是用金钱美色引诱自己的朋友，心中要有个数。

我们真正的朋友，应该是一个善良正直的人，应该是有利于我们身心健康发展的人，应该是能够把我们往正确的方向上引导，给予我们良好影响的人。对身边那些敢于直言、敢于说真话的朋友，我们应该深入地交往；对身边那些想方设法引诱我们、满足我们、不断用所谓的小恩小惠拉拢我们的朋友，我们要保持足够的警惕，看清他们的目的，这样的人，是毒瘤、是蛇蝎，根本不是我们真正的朋友。因此，在交友的过程中，我们要冷静地观察，仔细地甄别和判断，对那些引诱我们犯错误的人，在今后的交往中要保持足够的清醒，不要被他们的言语和行为所误导。

曾经有这么一篇文章，描写曾经轰动过全国的杀手杨某。这个优秀的退伍青年，一个品格非常正直的有为农村青年，在部队上和村子里都被大家称道、讨人喜欢的青年,却成了当年杀害香港亿万富翁林某的凶手。这个曾经那么正直、那么憨厚的农村青年,在扣动手中扳机的时候,是那么的冷静。贫穷是造成他犯罪的一方面,但另一重要的原因是,他心中的所谓江湖义气,交友不慎,毁掉了这个曾经优秀的青年。

杨某出生在一个家教非常严格的家庭里面,从小为人就非常热情,在部队上服役的时候,曾经参加过一场亿人瞩目的长江抗洪,是一名令人尊敬的抗洪英雄。但是,一个"坏朋友"将他卷入了一场看似无关紧要的打斗,从此将他带上了一条不归路!就这样,这个讲究江湖义气的小伙子,交友不慎,在朋友的影响下最终断送了自己大好的人生前途。假如没有那个"坏朋友",没有那份所谓的江湖义气,那么,现在的杨某或许依旧贫困,或许是一名穿梭在城市角落的打工者,但是平凡的日子对他来说,也是一种幸福吧。

下面这个人的故事也能充分地说明慎重交友以及提高自己判断能力的重要性。

小李曾经有一次差点成了所谓的"枪手"。去年这个时候,曾有一朋友托小李做考试的"枪手",小李当时碍于所谓的讲意气,就不假思索地应承了下来。这件事情的起因其实很简单,小李的这个朋友,曾经在先前的时候帮助过他。事情过后,小李一直想要请这个朋友吃顿饭,表示一下自己的感谢,但是一直找不到合适的机会。去年的一天,这个朋友找到小李,说是她的一个朋友托她找个人帮帮忙,顶替一下考个试。先用自己的真名字去报名考试,赶快做题,提前半小时把答案带出来就行。小李当时一听,无非就是找自己做个试题而已,小事情一件,就像自己帮着同学做作业一样。所以小李也没往深处想,就答应下来了!滴水之恩,当涌泉相报,终于有个机会报答这个朋友了,小李真感到很兴奋!

后来,小李见到了朋友嘴里所说的"朋友",那个人说辛苦一场,一定有报酬的!小李当时听了有点纳闷,不就是做个题嘛,帮个小忙,还要什么报酬呢?何况,他也是我朋友的好朋友,我根本不可能要任何的酬劳!对方开出的条件是:5000 块钱或者一个 IBM 笔记本,随小李选,若觉得报酬少,还可以加码!说实话,对小李这个"穷人"来讲,确实是天价啊,有一种一夜暴富的感觉!不知为什么,金钱让小李产生一种莫名的恐慌。既然,帮朋友是情分,如果连这都要用金钱来计算的话,这件事情本身就已经变了性质！晚上，小李躺在床上，一夜未眠，反复琢磨这件事情，最终想清楚了它的性质：犯罪！差点为了友情断送自己的前程！而让小李惶惑的是，当他很为难地跟这朋友讲不能做违法的事情时，她居然埋怨小李怎么能答应这种事情呢？她说："唉，我是碍于面子，把你找来。我想，你肯定会拒绝的，这种违法的事情，我们是坚决不能做的！"听了她的话，小李简直要气晕倒！小李明明是为了报答她，才答应这件事情，甚至连事情的性质都没有思考清楚，一时义气，而她却说出了这样虚伪的话！又想当好人，又不愿做实事！为了自己的面子，可以出卖朋友的利益，引诱朋友去做犯法的事情此后，她被小李从心里彻底删除！

这是两个很值得我们借鉴的事例。在我们的生活当中，不良的引诱无处不在，而所谓的朋友则是引诱我们的最重要的一环。一个益友，可以让我们进步，可以用他们正直的品行与德行来帮助我们有所提升；损友，则无疑将会潜移默化地侵蚀着我们善良或者原本美好的天性，引诱我们一点点误入歧途！

忍得住寂寞，独享自在和轻松

寂寞能让人平静下来，能带给我们久违的自在和轻松。它能够让我们抵制住诱惑，远离那些温柔甜蜜的陷阱。它也能让我们变得平静放松，让我们在这份轻松中获得更多的灵感。在这个到处都充斥着诱惑和繁杂的世界里，其实寂寞并不如我们想象的那么可怕，相反，我们缺少的正是一份久违的寂寞。忍受住了寂寞，享受了寂寞，也就获得了自在和轻松，也就走在了一条迎接繁华和辉煌的路上。

面对诱惑，我们要有自律的心态，耐得住寂寞，忍得住诱惑。一个人独享自在和轻松，也是一件非常有情调的事情。那些成功的人，大多都是长期默默无闻地行进和低头苦苦地奋斗。古代科举成名的学子，哪个不是十年寒窗苦读，最后才一朝登上殿堂。假如这些学子们不能忍受住寂寞，那么，他们又怎么能把全部的心思花在读书上面，又怎么能够学富五车、才高八斗呢？

我们当中的许多人，一旦心中滋生了寂寞，那么，即使他身处闹市之中，也会觉得自己形同沙漠中的独行者，感到孤身一人，感到空虚无聊，感到落落寡欢，以至于到了最后，精神开始莫名其妙地焦躁起来，整个人都压抑得没法说，一点前进的意志都没有了。在大多数日子里，我们都在感叹时间过得飞快，白驹过隙之间，一天也就过去了。但是，当我们处在寂寞的时候，却又感叹时间的缓慢，大有度日如年之感，因而我们中的大多数的人，总是在想尽办法排解身边的寂寞。

有的人说，甘于寂寞是人生当中的一种消极厌世的表现，是一种对自己人生极不负责的态度，是一种与世隔绝、自命清高的做作。其实，这种看法是有偏见的。能享受寂寞、忍受得住寂寞的人，并非他们眼中的那种离群索居的人；也不是清心寡欲，要去做什么和尚和尼姑的人；更不是活得不耐烦了，消极厌世、沮丧颓废的人。所谓的甘于寂寞，乃是面对诱惑时的一种超然，是一种自在和轻松。甘于寂寞，是漠视引诱的一种表现，是淡泊明志、宁静致远，是脚踏实地默默耕耘的一种精神境界。正因为如此，忍受得住寂寞的人，常常能够拥有自己的心灵境界，最终也往往能够忍受得住寂寞，成就出自己一番大事业来。忍受得住寂寞的人，有自己的理想和目标，更有一颗经受得住寂寞、乐于奉献和钻研的心。也正因为如此，忍受得住寂寞的这类人，不乏强烈的自信心和自尊心，他们不但能够在引诱面前脚踏实地地工作和奉献，还能用自己的良知和理性严格地塑造自己、鞭策自己和不断地完善自己。想干大事的人，就要经得住诱惑，忍得住寂寞。

忍得住寂寞，独享自在和轻松，才是一个人的成功之道。我们大家都知道，无论是过去还是现在，做一个律师通常是一份既赚钱又有身份地位的工作。当年，大文豪巴尔扎克的父亲也是抱着这种看法，要求巴尔扎克去学习法律的，但是巴尔扎克抵制住了金钱和名利的引诱，忍受住了寂寞，宁可蜗居在租来的小房子里面，靠着朋友们的周济过日子，也从来没有放弃过那份执著忍受的寂寞，也没有改变他最初的志向。正是他的这种能够忍受得住寂寞，能够拒绝诱惑的自在和轻松，才使他在以后成为了举世闻名的大文学家，才使他的作品能够成为文学史上璀璨的明珠。

忍受得住寂寞，即使在最艰难和最屈辱的时候，也能独享自在和轻松。司马迁做官，完全可以像其他的官员一样，皇帝怎么说他就怎么做，皇帝说什么他就跟着说什么，拍马谄媚，不坚持、不违逆，这样就永远可以无忧无虑，可以得到高官厚禄。但是司马迁并没有被眼前的高官厚禄所引诱，只要自己认为对的，认为对国家和人民有帮助的，他就向皇帝进言，敢讲真话，结果遭受了耻辱的宫刑。但是这耻辱的宫刑又能怎么样呢？司马迁忍受住了屈辱，放下了所有的顾虑，更忍受住了寂寞，在内心的自在和轻松中写出了名垂千古的巨著《史记》。

其实在寂寞里也能寻找到轻松和自在。比如一个人找一个幽静的地方，发半天傻，绝对是件非常轻松自在的事情。由最初的忍受寂寞到享受寂寞，就让人觉得非常有意思了，远离诱惑，享受寂寞，其实能让我们做很多很多的事情。比如我们可以看看闲书或者写一页心情笔记，记录一下工作的感受；看着一杯清茶或者咖啡在我们面前冒着热气，沁人心脾的香味而制造着温馨和浪漫。这种时候，诱惑再也和我们无关，浮躁也远离了我们，平日里一天也做不出来的事情也许一下子就能完成。在家里的时候，有电视和电脑游戏的诱惑，把我们设定下来的计划全部都打乱了。所以，找一个幽静的地方，即便是看窗外行人的身影，也能让我们在寂寞中感到轻松和自在。

寂寞能让人平静下来，能带给我们久违的自在和轻松。它能够让我们抵制住诱惑，远离那些温柔甜蜜的陷阱。它也能让我们变得平静放松，让我们在这份轻松中获得更多的灵感。在这个到处都充斥着诱惑和繁杂的世界里，其实寂寞并不如我们想象的那么可怕，相反，我们缺少的正是一份久违的寂寞。忍受住了寂寞，享受了寂寞，也就获得了自在和轻松，也就走在了一条迎接繁华和辉煌的路上。

❖ 了却繁杂，让心田润泽 ❖

让心远离诱惑，了却繁杂，让心灵润泽，我们就会发现，原来看惯了的装饰，闻惯了的各种味道，听惯了的汽笛，都变得不一样起来，亲切了，动人了。放下繁杂，让心灵润泽，去亲近美丽的大自然，看漫山遍野的草木，闻扑鼻而来的泥土花香，听那些大自然的天生演奏家们演奏的一曲曲浪漫明快的歌曲……享受这份安宁与平静吧，了却了繁杂，简单地活着，也不再去向往那种纸醉金迷的霓虹灯下的生活。

有句话概括出了世人内心的繁杂状态：人为财死，鸟为食亡。人为什么要为财死，鸟又为什么要为食亡呢?其实很简单的一个道理，在人的世界里，欲望很多，诱惑也很多，而要满足这所有的一切，都要靠金钱来解决，所以金钱也就值得人们用宝贵的生命来搏一搏了。同理，鸟儿为了活着，它要吃东西，一天不吃就有饿死的风险。从这句话里，其实很容易地看到一个人的内心世界其实是很繁杂的，想要的东西很多，具有诱惑力的东西很多，这才有了为财舍命"壮举"的出现。

其实，了却繁杂，让我们的心田润泽，这样我们才能活得轻松快乐。面对各种各样的诱惑和欲望，简简单单，不失是一种生活的境界。还记得小时候听了无数次的那首《童年》歌曲里描绘的意境："池塘边的榕树上知了在声声地叫着夏天，操场边的秋千上只有蝴蝶儿停在上面，黑板上老师的粉笔还在拼命唧唧喳喳写个不停，等待着下课，等待着放学，等待游戏的童年……”每次想起这美丽的歌声，是不是就想起了那没有繁杂，简单而又单纯的童年？这种了却繁杂，让心田润泽的生活，是抛弃所有无关的诱惑，忘掉一切喧嚣烦恼，让心灵得到宁静的生活。就像佛家所宣扬的那样，空是一种生活的真谛。对我们每个人而言，春夏秋冬，每一个季节都是一个宁静的音符，但是它们却谱写了一曲别样的歌曲，美妙而又多彩。这了却繁杂的歌曲，是大自然慷慨给予我们的礼物，只要用同样了却繁杂的心去感受，才能感知到那份久违的宁静和美好，才能享受到它带给我们的那份简单的快乐和执著。

我们生活在这个处处充斥着诱惑的社会里，虽然不能100%地隔绝形形色色的诱惑和繁杂，远离喧嚣，但是只要我们有心，还是能够找到那份心田的润泽，努力地编织起只属于我们的简单世界。当繁忙的学业和工作压得我们透不过气来的时候，当许许多多的诱惑让我们欲罢不能的时候，我们可不可以暂时放下手中的笔和事务，暂时关掉面前的电脑，走出这个繁杂的空间，摆脱这个由各种各样的诱惑和欲望编织成的网，简简单单地走一回？也许，当我们抬头看天的时候，我们才发现，曾经蓝蓝的天依旧是那么蓝，外面的世界依旧生机勃勃，并不因为少了一些所谓的“追求”而停止它们的生活，小草在茁壮地成长，小鸟在树梢上唱着美丽的歌，远处农舍里的大母鸡也依然在“咯咯咯咯”地叫着，领着一群小鸡，四处寻找着小虫子……

我们拼命去追求那些繁杂的诱惑，积累财富，其实是对自己的压抑和迫害，也是对整个社会的一种亵渎。钱不在多，够花就好，我们何必为了多余的钱财而去奔波劳累呢。但是诱惑无处不在，欲望永无止境，刚刚走出学校的人，最初的理想是能吃上饭，能有一点点的零花钱，能买上几本好书、好衣服；后来工作久了，有了一些积蓄，就盼望这积蓄多起来，买了电视机，买了冰箱，还想买小汽车，想当个大官，想在外面有几个红颜知己。其实我们大家心里面都知道这个道理，钱再多，也满足不了无穷的诱惑和欲望，永远也不会觉得钱够用，永远会感觉到生活的压力。其实，这并不是我们的钱少，而是我们内心的欲望太多，我们面前的诱惑太多。诱惑一旦套上了我们，我们也就甩不掉了，被它紧紧地抓住，耗尽我们的生命。人生有限，诱惑多多，在这个什么都用物质来衡量的世界里面，我们就得拼命地挣钱，结果成了金钱的奴隶，成了诱惑的棋子，而我们了却繁杂，让心田润泽的心愿也就无处实现了。

让心远离诱惑，了却繁杂，让心灵润泽，我们就会发现，原来看惯了的装饰，闻惯了的各种味道，听惯了的汽笛，都变得不一样起来，亲切了，动人了。放下繁杂，让心灵润泽，去亲近美丽的大自然，看漫山遍野的草木，闻扑鼻而来的泥土花香，听那些大自然的天生演奏家们演奏的一曲曲浪漫明快的歌曲……享受这份安宁与平静吧，了却了繁杂，简单地活着，也不再去向往那种纸醉金迷的霓虹灯下的生活。了却了繁杂，简单地活着，并不意味着我们放弃了目标，也不能说明我们今后的生活就碌碌无为起来。了却了繁杂，就专一了目标，在平静中积蓄着力量，为将来的理想积聚着能量。

第15辑

面对名利，

要有“开窗放入大江来”的舍得心态

名利，似乎是这个世界上的人终生都无法躲避的存在，任何人都免不了要和名利打交道，更何况，追逐名利是人们的一种自然本性下的选择，有几人会在名利面前真的做到心如止水呢?但是，名利总是“有可为，有不可为”的，这个世界上绝大多数人都喜欢金钱与地位，然而金钱与地位对很多人来说并不是“想而有之”的，要知道名利是一种可求不可得的东西。面对名利上的得失，抱着“开窗放入大江来”的舍得心态就显得非常重要了，千万不要让无止境的欲望把你压得痛苦不堪。

❖疲惫来自于过多的欲望❖

我们说心灵的疲惫来自于过多的欲望；追名逐利之人，却错过了欣赏人生中最美丽的风景，同时会给自己的心灵徒增无穷无尽的苦闷、忧虑、压力，得不到一时一刻的轻松。如果你善于做一个心无负累、享受生活的人，那么，就请放下你心中过多的对于名利的欲望与贪念，专注于你的实际生活吧！

泰戈尔说："我们的欲望，把长虹绚烂的色彩，借给了只不过是云雾的人生。"在生活中，一些人总是习惯在无休止的欲望中期望得到更多，当你拥有一碗米饭的时候，你会希望自己再得到一碗鸡汤；当你拥有一碗鸡汤之后，你会希望再得到一盘排骨；当你拥有了一盘排骨以后，你会想：如果我拥有一个酒店，那该是人间最美好的生活了！这就是人们的一种无止尽的贪欲，也许你会认为这是"人往高处走"的人之常情与进取之心，然而，事实真的如此吗?欲望所带给你的真的是轻松而温馨的快乐与幸福吗?想一想泰戈尔的这句名言，再想一想你在欲望之中的心境与人生，欲望让你得到了什么，又失去了什么?欲望带给你什么，又从你这里拿走了什么?如果你敢于坦然承认，那么答案一定是：欲望带给你一身的负累、沉重，却掠夺了你生活的愉悦与恬静。欲望就像是一团浓重的阴云，笼罩在心存贪欲之人的心上，使之无法享受生活的明快。简而言之，欲望，就是心灵所背负的重负。

我们经常听到一些人抱怨，说自己感觉生活太累，感觉人生太累，而这"累"的根源在何处呢?同样是一样的生活,为什么会有人轻松度日,而你却感觉度日如年呢?同样是相似的人生,为什么有人会在一日的奔波中感受到乐趣与精彩,而你却感受到无法承受的疲惫呢?其实,归根结底,这累并非来自于生活处境,也并非来自于人生境遇,它只是产生于你的心境罢了。而你的心之所以会产生这些无法承受之"累",完全是由于你的心积存了太多对名利的欲望。

一个建筑工人和一个公司文秘是从小长大的好朋友,因为家庭状况原因,他们一个人顺利地读完了大学,毕业后找到了一份体面而高薪的工作;另一个人初中毕业就为了生计外出打工,后来成为一个靠着体力赚钱的建筑工人。从常理而言,这个公司文秘本应该在自己安定富足的生活中过得无忧无虑、开心快乐才对,然而他却每日都感到疲惫不堪;那个建筑工人每天都干体力活,还要为家庭生计而苦心谋算,本应生活中的每一天都过得很辛苦才对,可是他去每日都笑呵呵的,一副快乐的样子。公司文秘看到贫苦的建筑工人生活得轻松愉快,也是百思不得其解,在心中暗自纳闷:"他每天干那么累的活,为什么看不出一点疲惫的样子呢?我每日坐在办公室处理文件,在生活与工作的压力中都累得不行了啊!"

一天,他因为心情烦躁去找他的老朋友、那个建筑工人喝酒聊天。这个公司文秘就诉苦说:"人活着真是太累了!你不觉得吗?"建筑工人听后,憨笑着说:"老朋友,你真是在拿我们取笑呢,我这样一个月千八百块钱的工资,每天还要和砖头、水泥打交道,都没觉得累,你每天风吹不到、日晒不到的,还几千块地赚着,有什么累的啊?"公司文秘听后,苦笑着说:"呵呵,那都是表面的,你想啊,人活着要赚钱买房、买车,要想办法升职、发展仕途,要尽力地给老婆买最好的名牌服装、最好的化妆品,还要拼命给孩子赚钱供他读最好的大学,一想到这些,我心里都透不过气来!更何况,现在我们公司正是考核提拔期,我是一心想能做到部门经理或者办公室主任,这样不但面子好看,还能赚加倍的工资,可是现在的情况并不理想,为了这,我都一个星期没睡好觉了。你说,人活着怎么不累呢?"没想到建筑工人听后,略显诧异地说:"原来你心里有这么多期望啊,难怪你会感觉这么疲惫。我可没想过那么多,我每天只是想安分地工作、赚到了工资,然后过好现在的生活。我不求大富大贵,也从没想过要什么名利与荣誉，只想着凭着我们两口子慢慢地积攒，把日子越过越好，将来供儿子读一所他喜欢的大学，就完成我的基本目标了。我没想过你所希望的那么多事情，所以从来没有感觉过心累啊！”公司文秘听后，才明白过来，原来他们两个人对生活快乐的感受之所以会又如此不同，只是因为他们内心所负重的欲望完全不同啊！

在这个故事中，建筑工人虽然每天承受着体力的劳累，但他的心并不感到疲惫，因为他心无负重；而公司文秘因为内心装满了欲望，就如同一个人在背负着一个巨大的包袱前行，他的心灵自然不堪重负，经常感到疲惫不堪。正所谓“寡欲，即为幸福”，轻松快乐的本源来自于一颗心无负重的心灵，如果一个人的内心承载了太多难以实现的追逐所催生的压力、苦闷、烦恼，这样的心灵又如何感受到轻松、愉悦呢？

欲望就如同一颗大树上的果子，你在你力所能及的范围内摘食这些果子，你会品尝到果子的甘甜，感受到实现目标的愉悦，并且没有任何负重感与疲惫感；然而，如果你一边吃着低处的果子，一边贪婪着高处的果子，甚至很想将一树的果子都据为己有，你就会不停地摘果子，并且为了得到大树顶端的果子而拼命地爬树。这时，一方面你把心思全放在了如何摘取更多的果子上，你的意识完全用在机械般的摘果子的行为中，因而你再无心思与意识去吃果子、品尝果子的甘甜；另一方面，你在不断地摘果子、拼命地爬树的过程中，无端地为了那一部分你完全可以不需要的果子而吃尽了苦头。这两方面的负面效应相结合，一心占据全部果子的你，还会感受到轻松、快乐、甜蜜吗?你对这一树果子的贪欲，带给你的无疑是负累与疲惫。

因而，我们说心灵的疲惫来自于过多的欲望；追名逐利之人，却错过了欣赏人生中最美丽的风景，同时会给自己的心灵徒增无穷无尽的苦闷、忧虑、压力，得不到一时一刻的轻松。如果你善于做一个心无负累、享受生活的人，那么，就请放下你心中过多的对于名利的欲望与贪念，专注于你的实际生活吧！

❖不要让自己背负太多东西❖

人生之中真正的赢家，不在于你创造了多少财富，不在于你拥有了多么显赫的地位，不在于你拥有多么令人艳羡的、光鲜的生活外表，而在于你自身感受到的幸福有多少。当你拥有这种人之所羡，却失去了生活的本真幸福，你的自我人生仍旧是一种失败。因而，一个真正懂得生活、懂得人生发展的人，就要懂得以一颗平常心去看待名利，不让自己背负太多负重，不让自己成为名利的奴隶，永远做精彩人生的主人。

古语云："燕欲轻飞，必先身减余重。"这句古语是说，雨燕在即将出巢远行前，为了能够更加轻松地飞翔，在离开巢居前，会先减轻体重。此言，意在以雨燕为喻，警示人们要在必要时，懂得放下自己所背负的名利欲望，以使得自己以一颗无负重的、轻松的心灵去前行。在这个世界上，很多人都常为名利所困，为名利所累，在原本已经充满艰辛的人生路上走得更加坎坷，而名利这些身外之物所带给自己的又是什么呢?只是人生路上的负重罢了。因而，我们说，人奔走于世间，要学会释怀与舍弃，不要让自己背负太多东西。唯有放下自己所背负的名利重负，才可如减肥后的雨燕般，轻松地飞翔，飞向更远、更高的天空。

《伊索寓言》中有这样一个哲理故事：从前，有一个富翁，家财万贯，名利双收，可是他却怎么也无法生活得快乐。富翁每日为了守住家财、为了创造更多的财富、为了享有更高的声誉，几乎绞尽脑汁，搞得心力憔悴。但尽管如此，他在旁人艳羡之极的生活中，依然感到一种无可释放的苦闷与焦虑，并时常感觉自己的心灵与精神几乎已行走在崩溃边缘，更无一点快乐而言。这样的生活让这个富翁实在忍受不下去了，于是他打算出门远行去寻找在自己的生活中怎么也寻找不到的快乐。于是，这个富翁背上一大包金银财宝出门了。可是，富翁一连走了两个月，踏遍千山万水，也没有寻找到快乐。美丽风景不能带给他快乐，美食美酒不能带给他快乐，歌舞之乐也不能带给他快乐。这让富翁愈加感到苦闷，他心想，自己带着这么一大包珠宝远行寻找快乐，怎么竟然一点快乐的影子都找不到呢？他也询问过许多人，可是别人的答案都不能带给他快乐，别人的快乐也无法感染他的心境。

这一天，已经沮丧至极的富翁来到了一座山中，他看到一个樵夫背着一大担柴禾、唱着山歌从对面走来。于是，富翁赶忙走上前去，问樵夫："请问这位兄弟，哪里才能寻找到快乐呢？我愿意用我这一大包财宝来换取快乐。"樵夫听后，放下肩上这一担沉甸甸的柴禾说："快乐吗，很简单啊，当我放下这一担柴禾的时候我就会觉得非常快乐。"富翁听后，顿如醍醐灌顶，他幡然省悟，原来自己走了这么远都无法寻找到快乐，是因为自己背着一大包财宝啊！自己每天都担心身上的财宝被贼人偷盗、被自己遗失，因而吃不香、睡不着，更没有兴致欣赏美景、品尝美食、观赏歌舞了，这怎么可能快乐呢？自己在家时不也是一样吗？自己每天担心家里的财富会遭遇不测、担心自己的名誉会因为一时的马失前蹄而毁于一旦，极尽心思地去保护、创造财富，去维护、建树声望、地位，还能有什么心思去享受生活的乐趣呢？

顿悟到这些之后，富翁每到一处，就将自己包裹里的财宝分给当地的穷人，当他的包裹越来越轻时，他也越来越感觉自己是一个非常快乐、幸福的人了。自此之后，回到家中，富翁再也不像以前一样死守名利，他将名利的包袱完全放下。从此，富翁成为了一个幸福的人。

在这个故事中，富翁为财富、声望、地位所困，背负了太多得失、荣辱、名利的担子，丢失了快乐，无法享受生活的美好，在现实生活中这种类似的情况不是也普遍存在吗？在现代社会的生存压力与发展压力中，生活节奏越来越快、竞争越来越激烈，使很多人于无形间陷入了名利角逐的漩涡中，使身心背负了太多因名利而生的欲望、奢求、忧虑等重负。为了争夺利益、地位，很多人或自觉、或不自觉地将自己的一颗心押在了名利场上。这些身心所背负的利益和对利益的期望，成为一副枷锁，紧紧桎梏了人的自由心灵、禁锢了人的快乐生活；同时因背负过多负重而产生的压力，引发了诸多不良心态，这些心态的失衡与愉悦的丢失，久而久之会严重阻碍一个人的人生发展，形成一个人自身发展前进路途中的障碍。

因而，我们说，人应该学会放弃，不要将太多名利场中的负重背负在自身。古人说："功名利禄，瞬间为土。"就如《红楼梦》中妙语所言："纵有千年铁门槛，终需一个土馒头。"那么，我们为何要背负这些身外之石土呢？

要知道，财富、地位、声望等名利之物，其存在是为了保障人们的生活，人们需要这些东西是为了使生活更美好，为了使自己和家人能够更好地享受人生。简而言之，人追求名利的目的，从其本质上讲是为了创造美好生活、享受美好生活。那么，当你因追名逐利、背负名利之重而影响到你的心境、影响到你对生活美好的感受之时，你这一种对名利这身外之物的过多背负岂不是得不偿失吗？它存在的价值与意义又在哪里呢？如果是这样的情况，你所背负的名利之物与名利之欲，已成为你生活中的阴云而非阳光，已成为你人生中的负累而非动力，那么，与其背负这些过多、过重之物，不如将其全部抛舍。因为它们已经成为你人生的包袱，唯有丢弃，才可轻装前行，创造并享受更精彩的人生。

人生之中真正的赢家，不在于你创造了多少财富，不在于你拥有了多么显赫的地位，不在于你拥有多么令人艳羡的、光鲜的生活外表，而在于你自身感受到的幸福有多少。当你拥有这种人之所羡，却失去了生活的本真幸福，你的自我人生仍旧是一种失败。因而，一个真正懂得生活、懂得人生发展的人，就要懂得以一颗平常心去看待名利，不让自己背负太多负重，不让自己成为名利的奴隶，永远做精彩人生的主人。

❖你之所有，别人之所羡❖

一个真正懂得享受生活的人，必然懂得平衡“知足”与“欲望”之间的关系，我们要做的是在正确认知自己与他人差异的基础上，在客观条件允许的范围内不断地尽心自我完善、创造更多生活的幸福。正所谓“临渊羡鱼，不如退而结网”，如果我们想要更好地享受生活，就必须在珍惜所拥有的基础上，脚踏实地地奋斗，而不是让他人的拥有成为自己的包袱，困扰自己的心灵与人生。

在生活中，人们总是习惯于将自己与他人对比，而后总是看见他人在某些方面比自己强、比自己优越，因而不禁心生艳羡，并在羡慕他人的同时对自己的状况和拥有产生一种自卑心理，或因此而一心想要超越他人、徒增自己的负累，或因此而心生悲叹、抱怨自己的人生。

例如，我们总是在生活中不由自主地去羡慕身边之人所拥有的一切，我们羡慕他人的工作比自己好、羡慕他人的房子比自己大、羡慕他人的地位比自己高、羡慕他人的人际关系比自己广泛、羡慕他人的种种特长、种种优越，为此而使自己经常处于一种不平衡的心理状态之中，这种不平衡的心理状态使得我们徒增很多烦忧与压抑，既不利于身心协调也不利于生活与工作的发展。

其实，这样一种因对他人艳羡而使得自己内心无法平衡的根源不在于生活的不公，而是根源于我们自己内心的“不知足”。生活本身并不存在任何不公，要知道，物各有所长，"你之所有，别人之所羡"，不知足者，常为他人之有而苦之，知足常乐者，常为自己所有而悦之。

有一户农家饲养了一头猪、一头牛和一群鸡，它们之间互不干涉，各自过着自己的生活，农夫每天给它们不同的饲料、尽心照顾它们，他期盼着猪快些长肥、牛多给自己干些活、鸡多生一些蛋。唯一让农夫担心的是，经常有老鹰飞来，偶尔便会叼走他的一只鸡。到了快过年的时候，农夫想要为他所饲养的这些家畜、家禽们实现一个愿望，因为毕竟它们在这一年里给自己创造了很多的价值。

于是农夫问猪："猪啊，再过几天，我就要宰你食肉了，你有什么心愿吗？我一定会尽力满足你的。"猪回答说："主人，谢谢您，如果我来世可以再活一次，我想做一头牛，牛虽然工作累点，但它有个好名声，而且人们都疼爱它。"农夫听后叹口气，心想原来在这些家畜的世界里牛的生活才是最好的啊。

农夫又走到牛棚，对牛说："牛啊，你这一年为我做了很多活，你有什么心愿要我帮你完成吗？"谁知牛立即回答说："我的主人，如果你可以选择我的来世，那请你让我在来世做一头猪，猪的生活是多么幸福啊，它每天吃了就睡，睡醒了继续吃，不用卖力气干活，从来不用流汗水，真是比神仙还要享福啊！"农夫听后，不禁感到有些纳闷，猪羡慕牛的生活，牛羡慕猪的生活，它们到底谁更幸福呢？真不知道鸡想要的是什么。想到这里，农夫急忙向鸡窝走去。

农夫对鸡说："鸡啊，你一年为我们家生了很多蛋，现在你有什么愿望吗？我会尽力帮你完成的。"鸡听后不假思索地回答说："如果您可以让我再活一次，那么我想要做一只老鹰，我想像它一样在天空中翱翔，云游四海，还可以任意地去捕杀鸡和兔子。"农夫听后，不禁想，看来鸡才是最可怜的啊，不知道什么时候就成为老鹰的腹中之餐了！

农夫对着天空喊："老鹰啊，你是它们之中最自由的动物了，真不知道你的心愿会是什么啊？"谁知，听到农夫的喊话，老鹰立即出人意料地回答说："如果我可以再选择一次生命，我想做一只鸡，它不用辛苦地捕捉食物，就可以有水喝、有米吃，有大房子住，还受到人类的保护，这是多么的幸福啊！"

农夫听后，顿时明白了一个道理：原来在这些动物之中没有谁是真正的不幸，也没有谁是完美地享受者，它们各自羡慕着对方，因为各自都拥有着自己所有而别人没有的“优越”。想到此，农夫不禁为自己一直以来对地主、财主的羡慕感到可笑，地主与财主虽然拥有着自己不可比拟的财富，但自己所拥有的清静、安宁、和睦的大家庭不正是他们所不能拥有的吗？自己可千万不能像这些动物一样因为贪恋他人所拥有的名利，而使自己的生活陷入悲苦之中啊！

这一群动物忽略了自己所拥有的幸福，反而因为艳羡对方的幸福而使自己陷入痛苦，如果它们能够将思维与认识颠倒过来，多用自己的拥有与他人的不足相对比，那么它们一定能在自己的世界里生活得轻松而快乐。我们又何尝不是如此呢？人总是将目光锁定在他人的名利双收上，却忽视了自己所拥有的、自己本该享受的生活本真；而反过来想，我们所艳羡的那些人，一定也存在着他们的苦恼，或许他们所苦恼的、不能拥有的，正是我们自身所拥有的，他们一定同样在羡慕着我们啊！因而，一个人如果能够正确认识到自己的拥有、珍惜自己的拥有，常以知足之心去看待生活，那么，我们的人生境遇与心境感受将会是完全不同的另一番景象。

一个真正懂得享受生活的人，必然会懂得平衡“知足”与“欲望”之间的关系，我们要做的是在正确认知自己与他人差异的基础上，在客观条件允许的范围内不断地尽力自我完善、创造更多生活的幸福。正所谓“临渊羡鱼，不如退而结网”，如果我们想要更好地享受生活，就必须在珍惜所拥有的基础上，脚踏实地地奋斗，而不是让他人的拥有成为自己的包袱，困苦自己的心灵与人生。

著名作家冰心的座右铭是：“知足知不足，有为有不为。”这其中的道理便在于：知足常乐，退而结网。如果一个人能够真正满足于自己已经得到的东西，那么你必然会感受到满足感所带给你的喜悦与幸福；如果一个人能够正确理解自己的欠缺，那么你必然会以一颗安分之心结网求鱼，而不是为羡他人之鱼而自苦。

“你之所有，他人之所羡”，一个能够满足于自身拥有的人，才能够心无负累、身无羁绊地去创造更多生活的幸福，收获成功的人生。

❖活得简单一点❖

活得简单一点，就是要求你能够以一颗平常心去看待你所面对的一切；要以一颗淡定的心去抛开名利争夺、尔虞我诈；要以一颗安宁的心去关注生活的美好，而非纠结于生活的缺陷与不足。生活如一团麻，你想将其理成丝绸，只会将自已绞缠进纷繁错杂的麻团之中，不得轻松与自由。

莎士比亚曾经说："简洁是机智的灵魂；因为简单，便是极致。"我们说，人要活得简单一点，不是说人在生活中面对各种处境"睁一只眼，闭一只眼"，更不是说人在必要时刻"揣着明白装糊涂"，而是在说，人要懂得在经常波涛四起的生活中如何去寻求心境的平静与祥和，而不是为了世间的你争我夺而陷入名利角逐的漩涡中。这样的简单是一种大智慧，更是一种心智的体现，它是所有成功人士所普遍具有的共性特性；这样的简单，是一种"大家"的气度与风范。

现代社会，对于物质生活的追求、对于名利地位的角逐，显然已经在成为大部分人在生活中的竞争核心，很多人为了一己之私、一时之名而在名利场中钩心斗角、尔虞我诈，真是煞费苦心、玄机暗藏，而机关算尽时，多少人不是"聪明反被聪明误"呢？社会原本已经将我们的生活环境纠结为一个复杂体系，竞争、压力、不尽如人意的人生境遇等负面因素已经充斥在我们的生活中不能排除。如果在如此的情况之下，我们还要以一颗纠结的心去加重生活的复杂化，那么，我们岂不是自寻苦恼吗？

心境决定处境

一个懂得如何享受生活、如何发展人生的人,总是善于运用简化的"大艺术"与客观认知使生活简单明快、使心境平静安宁。唯有如此,以一颗淡定的心安分与简单地生活,一个人才可以甩掉因欲望所生的负重,才可以感受到生活的乐趣与美好,才可以于纷繁错乱的社会中认清一条真正适于自己人生发展的路途,并心无负累地前行。

从前有一个人,每天都生活在无穷无尽的苦闷中,不知道快乐是什么滋味,也不知道未来的路究竟要怎样走才能取得成功。他想成为当地的一族之长,他认为自己要成为最知名的人,才可以赢得成功的人生,可是在这个部族中有人比他更优秀、更具领导能力、更具道德素养,因而他每天因不得志而抑郁;他想做这一带最富有的商人,他认为唯有巨大的财富才可以创造出生活的享乐,才可以使自己不白活一回,可是因为他急功近利,仍是一无所获;他想拥有一位最漂亮的老婆,他认为这是人生的一大美事,可是他的老婆却在一场意外的火灾中毁容,在脸部留下了一道很明显的疤痕,他寻遍名医也没有人能除去老婆脸上的这道疤痕,于是这道疤痕就如同长在了他的心里一般,让他再也无法去爱自己的老婆;他想拥有一群最乖顺的孩子,他认为这才是天伦之乐的一大幸福,然而他的孩子淘气顽劣,经常惹自己生气。就这样,这个人凡事都希望做到最好、得到最好,他追逐名利、渴求完美的心总是纠结于各种角逐与苦闷中,他不知道为什么生活要这样蹉跎自己的意愿,所有完美都无法实现。因此,他越是要理清这些纷繁复杂、事事非非,越使自己陷入更深的烦恼之中。

一天,他决定去拜访高山之上的圣僧,希望圣僧能为自己指点迷津,解开苦闷的枷锁。当他细细地对圣僧讲述了自己的生活之后,圣僧笑着问他:"你看,我养的这只小金龟漂亮吗?"这个人仔细地看了看一下圣僧递过来的一只钵盂,发现里面有一只金色的小龟,龟壳灼灼生辉,龟身小巧可爱,他不禁赞叹说:"这只小金龟太美丽了,简直完美无瑕啊!"圣僧随即递给他一个放大镜,对他说:"你用这个镜子观看一下,看看这个小金龟是否真的完美无瑕呢?"这个人按照圣僧的话去做了,结果让他非常吃惊,在放大镜下,他看见小金龟的龟壳上生长着很多细菌,无数条恶心的小虫子在蠕动,简直丑陋不堪。看到这个人惊异的样子,圣僧接着说:"你用简单的目光去看它时,它展现给你的是它的美好,因而令你感到愉悦;你用一探究竟的复杂方式去审视它时，它的缺陷全部暴露出来，令你感到恶心，是吗？”这个人听了圣僧的话不禁若有所思地点点头。圣僧接着说：“生活又何尝不是如此呢？凡事没有完美的极限，如果你能够将你追求极限的心简单化，抛掉你拼争角逐的复杂思想，那么你会发现生活中存在着美好的一面。扔掉你心中的那面‘放大镜’吧，以简单的方式生活。你要铭记：复杂的心生长烦恼，简单的心生长快乐。”

听了圣僧的话，这个人幡然醒悟，此后，他以简单的眼光看待生活，以简单的方式思考生活，他发现：自己虽然不是一族之长，不是全村首富，却也衣食无忧、没有愁苦之事、没有仇家之恨；自己的老婆虽然脸上有一道疤痕，但她的眼睛却是最美丽的，而且她善解人意、一心守护家庭，这是多么难得的一个女人啊？自己的孩子虽然总是淘气闯祸，但却知道给自己买最好的酒和自己最爱吃的点心，所谓孝心不过如此吗？那些是非纷争就如过往烟云，自己为何要为身外之物徒增烦忧呢？此后，这个人的心抛开所有纠结，开始装满快乐与幸福。

我们的生活又何尝不是如此呢？如果你非要将简单的生活加上一副审视的放大镜，那么，你所观看到的和感受到的无非是烦恼与痛苦，要如何去创建自己的快乐生活、如何去享受人生的幸福，全在你这一颗心以怎样的方式去看待生活啊！圣僧说：“复杂的心生长烦恼，简单的心生长快乐。”如果你想成为一个沐浴生活快乐之光的幸福的人，那么请记住：让自己活得简单一点。

活得简单一点，就是要求你能够以一颗平常心去看待你所面对的一切；要以一颗淡定的心去抛开名利争夺、尔虞我诈；要以一颗安宁的心去关注生活的美好，而非纠结于生活的缺陷与不足。生活如一团麻，你想将其理成丝绸，只会将自己绞缠进纷繁错杂的麻团之中，不得轻松与自由。

❖摆脱名利欲，别让名利压垮你的一生❖

如古人所说，名利欲就如盛入盆中的水，装得太慢就会溢出溅湿自己，而且会阻碍我们的前行，那我们端着一个只盛入半盆水的盆子，不就不会使水溢出、溅湿自己了吗？又可以轻松前行，因而，一个人要懂得，摆脱名利欲，舍弃那成为负重和隐患的半盆水，让自己在人生之路上轻松前行。

名利欲，似乎是这个世界上的人终生都无法躲避的存在，任何人都免不了要和名利打交道，更何况，追逐名利是人们的一种自然本性，有几人会在名利面前真的做到心如止水呢？但是，名利总是“有可为，有不可为”的，这个世界上绝大多数人都喜欢金钱与地位，然而金钱与地位对很多人来说并不是“想而有之”的，要知道名利是一种可求不可得的东西。

正如古人所言：“持而盈之，不若其已；揣而锐之，不可长葆之；金玉盈室，莫之能守；富贵而骄，自遗其咎；功遂身退，天之道也。”这段话简而言之，其意思就是说：名利就如装在盆子里的水一样，如果一个人将盆子装得满满的，那么不仅不便于行走，而且每走一步水就会溢出来，反而会溅湿自己；名利的欲望，就如同一把尖锐的利器一样，一个人如果总是怀揣这样一把利器，终究会发生意外，刺伤自己；财产再多，又能守住多少呢？权贵再大，如果成为灾祸的根源，那么名利的意义又在何处呢？这段话告诉我们一个道理：名利，属于你的，你可以接受它，不属于你的，你一定不可以强求;太强烈的名利欲不但不会使你得到更多,反而会成为你前进的障碍,甚至会成为压垮你一生的“五行山”。

在太平洋海域的布拉斯岛有这样一个非常奇异的现象:在这一片蔚蓝的海域里,这个布拉斯岛本是一个宁静的小天地,没有任何纷争,这里的各种鱼类也互不侵犯,各自过着属于自己的宁静生活,因而这片海域表面看起来静谧而祥和。可是,就在这片海域的深海处,有一块巨大的方形石头,这块石头一直被人称之为魔方石。因为,游到这里的鱼,无论是什么种类的鱼群,都必死无疑。这些鱼只要游到这块魔方石附近,就会像被施展了魔法一样,性情大变,开始与其他鱼种相互残杀,即便是非常温顺的鱼种也会表现出凶残的暴力性。这样一来,这些鱼便在凶猛的残杀中彼此伤害得血肉模糊,最终死去。

这一奇异的现象引起了科学界的广泛关注,生物学家一直在研究、思索究竟是什么扰乱了这些鱼群的心智,使得它们相互残杀而终究死亡呢?在经过多年研究之后,生物学家们发现了其中的奥秘:原来这块被称作魔方石的巨大石头本身具有一种吸引力,它将一些小鱼吸附到石壁上,在小鱼死去、氧化之后,便会成为一种非常美味的食物,而且会散发出强烈的食物香气;同时,这块大石头上有很多缝隙和洞孔,这些洞孔里有一股股温暖的泉水不断涌出来,可以成为非常合适的窝;并且,这块大石头的表面布满了一种闪闪发光的水晶石,这些水晶石的光芒对鱼的吸引力很大。因而,在美食、巢穴、水晶石的诱惑下,鱼群一到这块大石头旁边便会产生一种极为强烈的占有欲,它们都想把这样一块完美的大石头占为己有,为此和同伴们发生战争。在这样一种利益的驱使下,鱼群便丧失了心智,不顾生死地与对方拼杀抢夺。所以,才引发了一场又一场的血腥之灾。

在太平洋布拉斯岛海域,鱼群因为欲望的驱使,最终导致了自己的毁灭,在生活之中,人们又何尝不是如此呢?在现代社会的大环境中,各种名利的诱惑充斥在生活中,这些名利之诱惑真是形形色色、多种多样,比之这块魔方石那真是有过之而无不及。如此的社会名利诱惑就如同一个巨大的漩涡,如果你心存过强的名利欲,一心想要占有更多的功名利禄、生命威望,那么你就会被卷入这巨大的漩涡之中,像那些不能抵御魔方石诱惑的鱼群一样失去心智，为之极尽所能地进行拼争。而拼争的结果会是什么呢?无疑是丧失自我、颠覆人生。

由此可见，名利欲的杀伤力是多么的强悍，而追逐于名利场中的人却在全然不知中走向覆灭。因而，我们说，要做生活中的智者，要做人生的主宰者，要创造出真正属于自己人生的精彩，就必须远离对名利追逐的拼杀与争夺，彻底地摆脱名利欲。唯有摆脱名利欲之人，才可保持心智的平衡，才可保持睿智的思维，才可感受到生活的美好、创造生活的美好。

在清朝道光年间，有一个叫做冯志圻的刑部大臣，他非常喜爱名人的碑帖书画，但是他却从不向他人说起自己的爱好。有一次，他的一个下属送给他一本非常著名的宋代碑帖，这本碑帖实属难得一见的珍品，而冯志圻却连看都没有看一眼，原封不动地将这本宋代碑帖还了回去。当时，旁人都劝他说："冯大人，我们都知道您非常喜爱这些古董艺术，虽然我们不懂这些，但也知道这本碑帖是极为珍贵的稀世之宝，您怎么都不打开看一下呢?您还是看一看吧。"谁知冯志圻听后回答说："正因为我知道它是稀世珍宝，所以才不能打开它。一旦我将其打开，我就会对其爱不释手，它对我的诱惑力就会驱使我产生更大的占有欲，而一个人一旦有了强大的占有欲，便会成为心智不宁的'狂人'，甚至会危害到家人和人生。如果我不打开它，我便可以摆脱这种占有欲的冲击，便可以于清宁之中享受我现有的生活。"冯志圻说完，立即使得旁人都赞叹不已。

我们看到，冯志圻大人并非不具有对名利的占有欲，但他非常理智地摆脱了名利欲，因而远离诱惑，以协调自我人生的平衡发展。在现代生活中，我们虽然很难成为真正清心寡欲的"不食人间烟火"之人，但我们必须认识到对名利追逐的限度，要以睿智与理智去摆脱名利欲的冲击，不要让自己的人生毁于名利角逐场中。

如古人所说，名利欲就如盛入盆中的水，装得太慢就会溢出溅湿自己，而且会阻碍我们的前行，那么如果我们端着一个只盛入半盆水的盆子，不就不会使水溢出、溅湿自己了吗?又可以轻松前行?因而，一个人要懂得，摆脱名利欲，舍弃那成为负重和隐患的半盆水，让自己在人生之路上轻松前行。

❖学会舍得,放下才有收获❖

正所谓“有舍而得,无舍无得”,当人生面临各种选择之时,要记住:对于一些名利、一些欲望、一些贪念,唯有舍得放下,才可以成就日后的“得”。学会舍得,放下才有收获,这是一种处世哲学、生存之道,正所谓“鱼和熊掌不能兼得”,你不能舍弃其一,你又如何得到其一呢?因而,人要正确地看待人生的得失,以一颗平常心去看待“失”,以一颗从容心去放下“欲”,那么你一定会有更丰厚的收获。

古语说:“舍得,舍而得之。”这句话的道理很简单:舍得,要先有“舍”,而后才有“得”。这个道理说起来简单,做起来却并不容易,因为人都是具有占有欲的,有时候很难放下自己所想要的东西,尤其是名利。虽然人在生活中,想要占有的东西很多,但是人只有放下一些,才会得到更大的收获,这是一种客观事物的发展规律,更是一种人生哲学、生活智慧。正如哲人所言:“要想得到野花的清香,必须舍弃城市的舒适;要想得到永久的掌声,必须舍弃眼前的虚荣;舍弃了蔷薇,你会拥有玫瑰;舍弃了小溪,你会拥有大海;舍弃了驰骋草原的不羁,你会拥有策马徐行的自得;舍弃了一颗大树,你会拥有一整片森林。”人只有在名利面前懂得舍得艺术,学会舍得,才可以成就更大的人生收获。《伊索寓言》中讲述过这样一个故事:

有一个人非常热爱登山,他一心要登上世界第一高峰。在经过多年的登山训练之后，他准备好一切行装出发了，去实现自己登上世界第一高峰的梦想。因为这个人一心想好独自占有成功登上世界第一高峰的荣誉，所以他没有与任何人结伴同行，而是选择了独自出发。当他到达大山脚下，天色已经很晚了，而且他已经因为赶路而相当的疲惫了，在这样的情况下，他本该先搭建好帐篷，好好地休息一个晚上。可是他不一心急于登山，生怕有人在他之前抢占先机，所以他到达大山脚下之后立即开始攀登，根本没有等到天明。当他攀爬了一会儿之后，天已将全黑了，四周的环境根本无法看清，他什么都看不见，只是凭着感觉和双手的触碰艰难地向上攀登。当他一点点地越爬越高，还剩下几尺的距离就到达山顶的时候，他突然滑到，跌落了下去。这时他不断地下坠，他看不见自己已经坠到了多深的底部，只是感觉自己在迅速下落。就在他的心里被恐惧占满的时候，他突然停止了下坠，原来是自己腰间的一根绳子挂在了树枝上，拉住了他，将他吊在了半空中。这个人此时在一片漆黑中根本无法看清自己处在什么位置，只是很庆幸自己被绳子吊住了。这时他想起了上帝，于是他大声呼喊说："上帝啊，请你救救我吧！我还要继续完成我的登山梦想呢！"这个时候，他突然听到上帝的回音："年轻人，你想让我怎样帮助你呢？"这个人一听，喜出望外，立刻说："上帝，你救救我，让我平安地落在地面上。"这时上帝回答说："如果你相信我，那么请你用腰间的那把匕首割断你腰间的这根绳子。"说完，上帝便离开了。可是这个人想了又想，绳子是维系自己生命的依托啊，如果将绳子割断了，我还有机会去做攀登世界第一高峰的第一人吗？我怎么可以割断它呢？就这样，他一直没有割断这根绳子，一直悬挂在空中。第二天早晨，山下的居民发现这个人被冻成了僵尸，悬挂在一棵树上，而他距地面的距离只有不到两米，只要他将绳子割断，从空中坠落下来，他便可以逃生。

在这个故事中，这个登山人有3次以"舍得"换取前进和生存的机会：第一次，他如果舍得与他人分享自己的荣誉，与自己的登山朋友一起结伴而行，那么即便相同的情况发生，也会有他的朋友及时帮助他脱离困境；第二次，如果他舍得给别人一个争取荣誉的机会，先在大山脚下休息一个晚上，等到天明再继续攀爬，那么便不会有这种意外发生，即便发生了相同的情况，他也可以清楚地看到自己与地面的距离，顺利逃生；第三次，如果他舍得割断这根看似是在维系他生命的绳子，舍得放弃自己做“第一人”的欲望，他便可以安全逃生。如果他舍得了这些，那么不但可以保住自己的生命，而且还会真的实现自己攀上世界第一高峰的梦想。可是，情况却恰恰相反，他所有的“不舍得”最终不但使得他梦想破灭，而且葬送了生命。

在这个故事中，上帝给他的启示是：舍得利，而获得生；舍得眼前的利益，而获得永生的利益。但是可悲的是，登山人并没有意识到这些，他因为惧怕失去，而终究失去。其实，那一根看似在维系登山人希望的绳子，暗示的就是我们生活中的名利之荣啊！有时候，这些存在于我们生活中的各种欲望就如同一根绳子一样紧紧将我们的人生悬挂于空中，不可上，不可下，甚至会为此而遭遇梦想的破灭。但是，只要我们能够舍弃心中的种种欲望与贪念，割断这一根悬挂住我们人生的“绳子”，那么我们所收获的不就是新生与更好的未来机遇吗？在佛经中记载了这样一个故事：

相传说人在去世后，灵魂会离开阳间来到阴间，阎王会为他们安排新生。阴间的规定是，在阳间时多行善、少行恶之人会在来世继续为人；少行善、多行恶之人来世便会托生为动物。这一天，两个灵魂一起来到了阴间，阎王检查了一下他们的《功过簿》之后说：“你们两个人都是行善之人，因而来世都可以托生为人。”这两个人听后，大喜。这时，阎王接着说：“只是阳间只有两种生活选择，一种是‘舍’，一种是‘得’，舍就是舍弃、付出；得就是索取、得到。你们两个要选择哪种生活呢？”其中一个人听后心想，当然是“得”好啊，就立即抢先回答：“我要过‘得’的生活。”阎王听后对另一人说：“看来你只有选择‘舍’了。”另一个人听了，非常平静地说：“只要来世可以做人，过什么样的生活都可以。”

结果是，选择“得”的人，真的过上了一味索取、得到，毫无付出地生活：他成为了人间的乞丐，尝尽了人世的辛酸、悲苦，而且失去了做人的尊严；选择“舍”的人，一辈子乐善好施、行善积德：他成为了一个施财行善的富人，衣食无忧，而且赢得了全村人的敬重。

正所谓“有舍而得，无舍无得”，当你的人生面临各种选择之时，你要记住：对于一些名利、一些欲望、一些贪念，唯有舍得放下，才可以成就日后的“得”。学会舍得，

心境

决定处境

放下才有收获，这是一种处世哲学、生存之道，正所谓“鱼和熊掌不能兼得”，你不能舍弃其一，你又如何得到其一呢?因而，人要正确地看待人生的得失，以一颗平常心去看待“失”，以一颗从容心去放下“欲”，那么你一定会有更丰厚的收获。